普通高等教育“十一五”国家级规划教材

普通高等教育“十四五”规划教材

动物生物化学 实验教程

Essential Experiments for Animal Biochemistry

第2版

杨群辉　胡　兰　主编

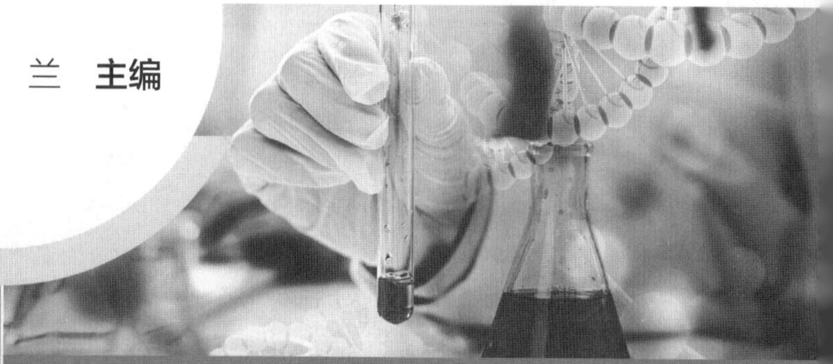

中国农业大学出版社
China Agricultural University Press
·北 京·

内容简介

本书是普通高等教育“十一五”国家级规划教材，主要针对高等农业院校的动物医学、动物科学、动物药学、水产养殖等专业学生编写。本书共九章，第一章为动物生物化学实验常识；第二章为常用生物化学实验技术原理及应用，包括离心技术、分光光度法、电泳技术和层析技术等；第三章至第八章分别为酶学实验、糖类实验、脂类实验、蛋白质实验、核酸实验和维生素实验；第九章为综合性实验。本书所选的大部分实验是目前多所农业高校开设的实验，代表性强、涉及范围较宽。在附录中整理了生物化学实验中常用缓冲液、洗涤液的配制、常用生物化学网络资源等内容。大部分实验包括实验目的、基本原理、试剂与器材、操作步骤、注意事项和思考题，有的实验还包括计算、实验结果以及结果处理。本书让学生在熟悉实验技术基本原理的基础上，掌握基本实验操作，助力于学生实验技能的培养。本书内容体系完整，兼具理论深度与实践广度，既适合农业院校相关专业使用，又可为从事生物化学教学研究的教师和科研人员提供参考。

图书在版编目(CIP)数据

动物生物化学实验教程 / 杨群辉，胡兰主编.

2 版. -- 北京 ：中国农业大学出版社，2025. 5.

ISBN 978-7-5655-3444-7

Ⅰ. Q5-33

中国国家版本馆 CIP 数据核字第 2025N4W039 号

书　名　动物生物化学实验教程　第 2 版

Dongwu Shengwu Huaxue Shiyan Jiaocheng

作　者　杨群辉　胡　兰　主编

策划编辑　张　程　　**责任编辑**　石　华

封面设计　李尘工作室

出版发行　中国农业大学出版社

社　址　北京市海淀区圆明园西路 2 号　　**邮政编码**　100193

电　话　发行部 010-62733489,1190　　读者服务部 010-62732336

编辑部 010-62732617,2618　　出　版　部 010-62733440

网　址　http://www.caupress.cn　　**E-mail**　cbsszs@cau.edu.cn

经　销　新华书店

印　刷　北京溢漾印刷有限公司

版　次　2025 年 8 月第 2 版　　2025 年 8 月第 1 次印刷

规　格　185 mm×260 mm　　16 开本　　11 印张　　271 千字

定　价　35.00 元

第2版编审人员

主　编　杨群辉（沈阳农业大学）
　　　　胡　兰（沈阳农业大学）
副主编　刁欠云（华南农业大学）
　　　　陈书明（山西农业大学）
参　编　（按姓氏笔画排序）
　　　　王　佳（新疆农业大学）
　　　　文凤云（河南科技大学）
　　　　邓　辉（福建农林大学）
　　　　汉丽梅（沈阳农业大学）
　　　　刘　梅（沈阳农业大学）
　　　　刘　慈（山西农业大学）
　　　　孙青竹（西北农林科技大学）
　　　　孙际佳（华南农业大学）
　　　　李　妍（河北农业大学）
　　　　沈冰蕾（黑龙江八一农垦大学）
主　审　刘维全（中国农业大学）

第1版编写人员

主　编　胡　兰（沈阳农业大学）

副主编　刘湘新（湖南农业大学）
张　映（山西农业大学）
刘　丽（华南农业大学）

参　编　刘桂林（山西农业大学）
陈书明（山西农业大学）
孙际佳（华南农业大学）
罗淑萍（新疆农业大学）
刘　梅（沈阳农业大学）
张正珊（河北农业大学）
朱素娟（扬州大学）
谭　超（湖南农业大学）

第 2 版前言

党的二十大报告指出，教育、科技、人才是全面建设社会主义现代化国家的基础性、战略性支撑。培养造就大批德才兼备的高素质人才，是国家和民族长远发展大计。在此背景下，能力培养已引起国家和学校的高度重视。动物生物化学实验不仅是动物科学和动物医学等专业学生的必修课之一，还是培养相关专业大学生实验技能的重要课程之一，更是帮助学生学好动物生物化学的重要抓手。

《动物生物化学实验教程》第 1 版由沈阳农业大学胡兰教授主持，联合全国高等院校的一线教师共同编写，是普通高等教育"十一五"国家级规划教材。自本书出版以来，由于其内容全面、适用性强，得到学生与其他广大读者认可。但在使用过程中，我们也发现书中存在错漏等不足，且在过去的 15 年，生物化学实验有很多新发展，为与理论教材相配套，更好地满足教学需求，教研团队正式启动第 2 版的系统性修订工作。

《动物生物化学实验教程》第 2 版仍保留第 1 版的编排结构，对内容进行板块式划分与优化。本次修订的内容主要包含三个方面：首先，增加实验内容，结合当前各院校实验课开设情况，在第三章酶学实验中新增纸层析鉴定酶促转氨基作用；第四章糖类实验中新增加糖酵解中间产物的鉴定；第五章脂类实验中新增脂类的提取与薄层层析分离；第六章蛋白质实验中新增微量凯氏定氮法；第七章核酸实验中新增酚-氯仿法提取组织 DNA、总 RNA 的提取及反转录合成 cDNA；第九章综合性实验新增牛乳中酪蛋白的提取及部分性质检测、不连续 SDS-聚丙烯酰胺凝胶电泳法测定蛋白质相对分子质量。其次，丰富细化实验原理，不仅补充相关反应式，而且对思考题涉及的较难的原理，在实验原理中进行简明阐述，助力学生对实验的理解。最后，细化操作过程，具有更强的指导性。

《动物生物化学实验教程》第 2 版更加贴合高等教育人才培养需求，利于学生实操技能和科学态度的培养，为学生从事动物科学、动物医学以及相关领域的生产实践和科学研究打下良好的基础。本书由 9 所农业院校的 14 位作者参加编写，编写团队均为教学一线工作多年的优秀教师，具有丰富的教学经验，齐心协力完成本次修订。

在编写过程中，《动物生物化学实验教程》第 2 版得到了中国农业大学刘维全教授的倾情指导。刘维全教授不仅对本书内容进行细致的审校，还提出许多建设性的意见和建议，在此表示衷心的感谢！

编 者

2024 年 6 月

第1版前言

动物生物化学实验课是动物科学和动物医学等专业学生的必修课之一，是培养相关专业大学生实验技能的重要课程之一。近年来，随着生物技术的迅猛发展、教学评估要求条件的变化，各高校动物生物化学实验课程的教学均进行了一定程度的调整。在这种情况下，本着内容适合现今教学、满足课程建设、人才培养需要的宗旨，我们着手编写了这本实验教材。

本书共九章，第一章为学生应该了解的动物生物化学实验常识；第二章为生物化学常用技术的原理和应用，包括离心技术、分光光度法、电泳技术、层析技术等；第三章至第八章为酶学实验、糖类实验、脂类实验、蛋白质实验、核酸实验、维生素实验等内容；第九章为综合实验内容。在实验介绍过程中，我们力求语言精炼，容易理解。此外，我们还介绍了一些新的仪器和方法，如自动生化分析仪、核酸重组技术等。其他章节均为具体的实验项目，所选大部分实验内容是目前多所农业高校开设的，代表性强、经费使用较少、涉及范围较宽。本书编写的主要特点如下。

①定位明确，主要针对动物科学、动物医学专业的本科生编写。实验设计均以动物为试材，而且涵盖了全国大多数农业院校动物科学、动物医学专业开设的动物生物化学实验内容，针对性较强、内容相对集中。

②紧密与理论教材配套，根据理论内容的讲授顺序安排实验内容，让学生易学好用。本书共选择了26个实验项目，分为酶学、糖类、脂类、蛋白质、核酸、维生素和综合性实验，学生更容易理解。

③既有验证性实验项目，也有综合性实验内容，能够满足各校教改和教学评估的要求。综合性实验将蛋白质、酶等生物活性分子的初级制备、分离纯化和系统的分析鉴定方法有机地结合起来，体现了生物化学实验技术的特点。

④强调了关键技术及容易失败的地方，便于学生自己独立完成实验。

⑤有选择的空间，大部分综合性实验项目均包含了相关的系列内容，教师可以根据不同实验室的条件进行选择，也可以让学生自行设计、综合，便于发挥学生能动性与创造性。

由于编写时间比较仓促，能力有限，错误之处不可避免，竭诚希望广大读者不吝赐教，非常感谢！

编　者

2006年7月

目 录

c o n t e n t s

第一章　动物生物化学实验常识

第一节　动物生化实验技术发展简史

生物化学是一门实验性科学，每一项生化知识的发现与研究都离不开实验技术。虽然人类早已在生产实践中应用了各种生物化学技术，如酿酒、制酱等，但是第一个真正的生物化学实验是在1896年进行的，德国化学家爱德华·比希纳(Eduard Buchner)用不含细胞的酵母菌提取液成功地在活的生物体外实现了糖转化为乙醇的发酵过程。20世纪，生物化学实验技术进入了快速发展阶段。

20世纪20年代，利用微量分析技术发现了维生素、激素和辅酶等。1924年瑞典物理化学家斯维德伯格(T. Svedberg)创建的"超离心技术"实现了对生化物质进行离心分离，并准确测定了血红蛋白等复杂蛋白质的相对分子质量，因此获得了1926年的诺贝尔化学奖。20世纪30年代，电子显微技术使人们能够看到细胞内的结构和生物大分子的结构。1935年舍恩海默(Schoenheimer)和瑞腾伯格(Ritenberg)将放射性同位素示踪用于碳水化合物及类脂物质的中间代谢的研究。1937年，瑞典的化学家阿尔内·威廉·考林·蒂塞利乌斯(Arne Wilhelm Kaurin Tiselius)研制了电泳仪，建立了研究蛋白质的移动界面电泳方法。1941年英国科学家马丁(Martin)和辛格(Synge)建立了分配层析技术，利用柱层析使混合液中的氨基酸得到分离，由此层析技术称为分离生物物质的关键技术，两人获得了1952年的诺贝尔化学奖。20世纪50—60年代，由于各种仪器分析方法用于生物化学研究，如高效液相层析(high-performance liquid chromatography，HPLC)，红外、紫外、圆二色等光谱技术，核磁共振(nuclear magnetic resonance，NMR)技术等，使生物化学实验技术取得了很大的发展。威尔金斯(M. Wilkins)通过对DNA分子的X-射线衍射研究证实了沃森(Watson)和克里克(Crick)的DNA模型，三人共同获得了1962年的诺贝尔生理学或医学奖。约翰·考德里·肯德鲁(J. C. Kendrew)和马克斯·费迪南德·佩鲁茨(M. F. Perutz)先后对肌红蛋白和血红蛋白的结构进行X-射线结构分析，成为研究生物大分子空间立体结构的先驱。1953年英国生物化学家弗雷德里克·桑格(F. Sanger)首次测定了胰岛素分子的氨基酸序列；1958年斯帕克曼(Spackman)、斯坦(Stein)和穆尔(Moore)设计出氨基酸自动分析仪；1967年埃德曼(Edman)和贝格(Begg)开发了自动化的Edman降解测序仪(或蛋白质序列分析仪)；1973年穆尔和斯坦设计出氨基酸序列自动测定仪，大大加快了蛋白质的分析工作。1965年我国化学和生物化学家用化学方法在世界上首次人工合成了具有生物活性的结晶牛胰岛素。此外，层析技术和电泳技术也取得重大的进展，1969年韦伯(Weber)应用SDS-聚丙烯酰胺凝胶电泳技术测定了蛋白质的相对分子质量，1968—1972年安芬森(Anfinsen)创建了亲和层析技术。

20 世纪 70 年代,核酸研究的开展将生物化学实验技术推入了辉煌发展的时期。1972 年美国斯坦福大学的保罗·伯格(P. Berg)等首次用限制性内切酶切割了 DNA 分子,并实现了 DNA 分子的重组。1973 年美国斯坦福大学的斯坦利·科恩(Stanley Cohen)等第一次完成了 DNA 重组体的转化技术。与此同时,各种仪器分析手段进一步发展,制成了 DNA 序列测定仪、DNA 合成仪等。1980 年英国剑桥大学的生物化学家桑格和美国哈佛大学的沃特·吉尔伯特(W. Gilbert)分别设计出两种测定 DNA 分子内核苷酸序列的方法,从此,DNA 序列分析法成为生物化学与分子生物学最重要的研究手段之一。1981 年由乔根森(Jorgenson)和卢卡奇(Lukacs)提出的高效毛细管电泳(HPCE)技术是生物化学实验技术和仪器分析领域的重大突破。1984 年乔治斯·克勒(G. Köhler)、塞萨尔·米尔斯坦(C. Milstein)和尼尔斯·杰尼(N. K. Jerne)发展了单克隆抗体技术,完善了极微量蛋白质的检测技术。1985 年美国 Cetus 公司的凯利·穆利斯(K. Mullis)等发明了高效复制 DNA 片段的"聚合酶链反应(polymerase chain reaction,PCR)"方法,对于生物化学和分子生物学的研究工作具有划时代的意义,因而穆利斯获得了 1993 年的诺贝尔化学奖。20 世纪 90 年代以后,各种生物化学实验技术得到了进一步的发展和完善,并不断涌现新的技术手段,如基因芯片、蛋白质芯片等,有力地推动了基因组、后基因组及蛋白质组学的研究。随着生命科学和生物技术的发展,尤其是基因编辑、合成生物学、单细胞 RNA 测序等科学发现与技术的发展,极大地扩展了现代生物技术的内涵,大量新技术必将不断涌现。

第二节　动物生化实验室常识与规则

一、实验室规则

①实验前,必须认真预习实验内容,明晰本次实验的目的和要求,掌握实验原理。

②实验时,自觉遵守实验室纪律,保持室内安静,切勿大声说笑、喧哗。

③在实验过程中,听从老师指导,严格按照实验步骤与操作规程进行实验,如实记录实验数据;实验完毕后,及时整理数据,按时提交实验报告。

④配制的试剂和实验过程中的样品必须贴上标签,标注品名、浓度、姓名和日期等信息;存放于冰箱内的易挥发溶液和酸性溶液必须严密封口。

⑤配制和使用溶液必须极为小心,强酸强碱必须倒入废液缸或稀释后再排放。电泳后的凝胶和各种废物不得倒入水池,应倒入废物桶。

⑥使用各类仪器应严格遵守操作规程;若仪器发生故障,应立即报告老师,未经许可不得自己随意检修。

⑦实验室内严禁吸烟、饮水和进食,严禁用嘴吸移液管和虹吸量管;易燃液体不得靠近明火和电炉;凡产生烟雾、有害气体和不良气味的实验,均应在通风条件下进行。

⑧在进行动物实验时,取材结束后需立即妥善处理实验动物,并及时清洗场地;严禁将实验动物或组织器官丢弃在水池内。

⑨实验完毕后,必须及时洗净并放好各种玻璃仪器,保持实验台面、称量台、药品架、水池

以及各种实验仪器内外的清洁及整齐。

⑩爱护并保管好每组的仪器和玻璃器皿，若打破玻璃仪器，要及时向老师报告，并自行记录，学期结束时按规定进行处理。

⑪严格遵守实验室安全用电规则和其他安全规则。

⑫每日实验完毕，值日生要认真做好实验室的卫生值日工作。最后离开实验室的实验人员，必须检查并关好水、电、门、窗。

二、实验室安全及防护知识

每一位在生化实验室工作的人员都必须具备充分的安全意识，掌握严格的防范措施和防护救治知识。一旦发生意外，能够进行正确的处置，防止事故进一步扩大。

(一)爆炸

由于在实验过程中涉及各种化学反应，所以生物化学实验室防止爆炸事故发生是极为重要的。

常见的爆炸事故的原因有：①随意混合化学药品，并使其受热、受摩擦和撞击。②在密闭的体系中进行蒸馏、回流等加热操作。③在加压或减压实验中，使用不耐压的玻璃仪器或反应过于激烈而失去控制。④易燃易爆气体大量逸入室内。⑤高压气瓶减压伐损坏或失灵。加热时会发生爆炸的混合物有：有机化合物与氧化铜、浓硫酸与高锰酸钾、三氯甲烷与丙酮等。在空气中蒸汽浓度过高，达到爆炸极限可能发生爆炸的物质包括甲醇、乙醇、乙醚和丙酮等。

基于上述各种原因，在实验操作过程中要严格按照实验操作规程进行。

(二)中毒

在生化实验室，常见的化学致癌物有：石棉、砷化物、铬酸盐和溴乙锭等。剧毒物有：氰化物、砷化物、乙腈、甲醇、氯化氢、汞及其化合物等。中毒的原因主要是不慎吸入、误食或经皮肤渗入。

中毒急救的方法主要有：①误食酸和碱，不要催吐，可先立即大量饮水，误食碱者再喝些牛奶；误食酸者，饮水后再服 $Mg(OH)_2$ 乳剂，最后喝些牛奶；②吸入毒气者立即转移室外，解开衣领，休克者应施以人工呼吸，但不要用口对口法；③砷和汞中毒者应立即送医院急救。

为预防中毒，在实验中要注意以下事项：①使用有毒或有刺激性气体时，必须佩戴防护眼镜，并应在通风橱内进行；②取用毒品时必须佩戴橡皮手套；③严禁用嘴吸移液管，严禁在实验室内饮水、进食、吸烟，禁止赤膊和穿拖鞋；④禁止用乙醇等有机溶剂擦洗溅洒在皮肤上的药品。

(三)伤害

在生物化学实验室，常见的是割伤和灼伤，要特别注意割伤的预防，尤其是向橡皮塞中插入温度计、玻璃管时，一定要先用水或甘油润滑，再用布包住玻璃管轻轻旋入，切不可用力过猛直接插入。若发生严重割伤，要立即包扎止血，就医时务必检查伤部神经是否被切断。若有玻璃碎片进入眼内，必须十分小心谨慎，不可自取，不可转动眼球，可任其流泪；若碎片不出，则用纱布轻轻包住眼睛急送医院处理。若有木屑、尘粒等异物进入,可由他人翻开眼睑,用消毒棉签轻轻取出;若异物难排出,可任其流泪,待异物排出后,再滴几滴鱼肝油。

其他伤害包括化学灼伤或皮肤灼伤等。若眼睛溅入任何化学药品,应立即用大量清水冲洗 15 min,然后就医,切不可用稀酸或稀碱冲洗。若是皮肤发生酸灼伤,可先用纸擦去,继而用大量清水冲洗,再用 $NaHCO_3$ 或稀氨水浸洗,最后再用水洗。皮肤发生碱灼伤的处理与酸灼伤相似,只是浸洗时用 1%硼酸或 2%醋酸。建议在实验室准备一个应急小药箱,专供急救使用。药箱内备:医用乙醇、汞溴红、甲紫水、止血粉、创可贴、烫伤油膏(或万花油)、鱼肝油、1%硼酸溶液或 2%醋酸溶液、1%碳酸氢钠溶液、20%硫代硫酸钠溶液、医用镊子和剪刀、纱布、药棉、棉签和绷带等。

(四)触电与着火

生物化学实验室需要使用大量的仪器、烘箱和电炉等,每位实验人员都必须熟练、安全用电,防止一切用电事故(包括实验人员不慎触电和电器着火)的发生。防止触电的发生应注意:①不能用湿手接触电器,电源裸露部分必须绝缘,坏的接头、插头、插座和不良导线应及时更换;②仪器使用前要先检查外壳是否带电,使用时应先接好电路再插接电源;反之,先关闭电源再拆线路。如遇有人触电,要先切断电源再救人;③保险丝、电源线的截面、插头和插座都要与使用的额定电流相匹配;④电炉、烘箱等电热设备不可过夜使用,仪器长时间不用要拔下插头,并及时拉闸。

预防火灾必须严格遵守这些操作规程:①严禁在开口容器和密闭体系中用明火加热有机溶剂,只能使用加热套或水浴等间接加热方式。②废有机溶剂不得倒入废物桶,应倒入回收瓶,后续集中处理。量少时用水稀释后排入下水道。③不得在烘箱内存放、干燥、烘焙有机物。④在有明火的实验台面上不允许放置开口的有机溶剂或倾倒有机溶剂。

一旦实验室发生火灾切不可惊慌失措,保持镇静,根据具体情况正确灭火或立即报火警(火警电话 119)。容器中的易燃物着火时,用灭火毯盖灭。乙醇、丙酮等可溶于水的有机溶剂着火时,可以用水灭火。汽油、乙醚、甲苯等有机溶剂着火时,不能用水,只能用灭火毯和沙土盖灭。导线、电器和仪器着火时,不能用水和二氧化碳灭火器灭火,应先切断电源,然后用 1211 灭火器(内装二氟一氯一溴甲烷)灭火。个人衣服着火时,切勿慌张奔跑,以免风助火势,应迅速脱衣,用水龙头浇水灭火。如火势过大,可就地卧倒,打滚压灭火焰。

生化实验室经常使用大量的有机溶剂,如甲醇、乙醇、丙酮、三氯甲烷等,且实验室经常使用电炉、酒精灯等火源,极易发生着火事故,必须妥善保管。乙醚、二硫化碳、丙酮和苯的燃点都很低,不得存放于可能会产生电火花的普通冰箱内。

第三节　生物化学实验基本操作

在生物化学实验中,除有些特殊的操作和方法使用某些特殊仪器外,整个实验的绝大部分由各种常用基本操作组成。基本操作的正确性和熟练程度往往是实验成败的关键。因此,必须有意识地加强基本操作的训练。本章主要介绍生物化学实验中常用的一些基本操作。

一、玻璃仪器的洗涤

绝大多数的生物化学实验都在玻璃容器中进行，所用玻璃仪器的清洁程度会直接影响实验结果的准确性，甚至决定实验的成败，玻璃仪器的清洁至关重要。常用的洗涤液包括洗衣粉、肥皂水及铬酸洗液。

(一)一般玻璃仪器的洗涤

凡能用毛刷刷洗的仪器(如试管、烧杯、锥形瓶和量筒等)，先用自来水洗刷，再用毛刷蘸取洗衣粉(肥皂或去污粉)将仪器内、外部(特别是内壁)仔细刷洗，然后用自来水冲洗干净，再用少量蒸馏水冲洗 2～3 次，倒置于仪器架上，自然晾干后备用。

(二)新购量器的洗涤

新购买的玻璃器皿表面常附着游离的碱性物质及污泥，可先用 0.5%的去污剂洗刷，再用自来水洗净，然后浸泡在 1%～2%盐酸溶液中过夜(不少于 4 h)，进一步洗涤，最后用蒸馏水冲洗 2～3 次。

(三)不能用毛刷刷洗的量器洗涤

凡不能用毛刷刷洗的量器(如容量瓶、滴定管和刻度吸量管等)，应先用自来水冲洗，沥干，再用重铬酸钾清洁液浸泡 4～6 h(或过夜)，自清洁液中取出并沥干后，用自来水冲洗干净，再用蒸馏水冲洗 2～3 次，倒置于量器架上，自然干燥。

(四)窄口仪器的洗涤(容量瓶、试剂瓶)

使用后立即在洗涤剂溶液或清水中浸泡过夜或将洗涤剂溶液倒入容器(约 1/4)，小心转动或摇动仪器，再用自来水冲洗，最后用蒸馏水冲洗 2～3 次。

(五)比色皿的洗涤

比色皿只可以用相应溶液或 1%～2%去污剂浸泡，然后用自来水冲洗，晾干备用。禁止用强碱清洗浸泡或用超声波清洗机清洗，也不可加热烘烤干燥。

(六)判断洗净的标准

洗净的玻璃仪器管壁应光洁、清亮，无污渍；被水湿润后，管壁上应呈现均匀水膜，不应挂有水珠，否则，表示尚未洗净，必须重新洗涤。

(七)干燥方法

(1)晾干　仪器倒立放在特制架子上，自然晾干。

(2)烘干　尽量倒净仪器内部的水，将其倒立放在托盘上，放入烘箱烘干。普通仪器的温度为 80～100 ℃，容量分析仪器的温度为 37～40 ℃。

(3)有机溶剂干燥　体积小的容器急需干燥时，可用该法。洗净的仪器先用少量乙醇洗一次，再用少量丙酮或乙醚洗涤，吹干（不必加热）。

（八）铬酸洗液的配制

生物化学实验室最常用的洗涤液由浓硫酸和重铬酸钾配制而成，称铬酸洗液，简称“洗液”。配制比例为 m（重铬酸钾）∶V（水）∶V（浓硫酸）＝1∶2∶8。具体配制方法为将称量好的重铬酸钾置于耐强酸搪瓷或塑料容器中，按比例加入蒸馏水使其溶解。在用玻璃棒不断搅动溶液的情况下，缓慢加入相应比例的浓硫酸（浓硫酸加入速度一定要慢，同时要不断搅拌液体，否则会使溶液温度迅速升高，导致溶液飞溅，产生安全事故），待冷却后即可使用。新配制的溶液呈深棕褐色，若溶液变成墨绿色，则表明已经失效，应及时更换。铬酸洗液具有强烈的腐蚀性及吸水性，应避免与皮肤、衣物接触，并保存在密闭容器中。

二、刻度吸量管的使用

刻度吸量管是使用广泛的一种小容量吸量管，其准确度较高，常用的有 10 mL、5 mL、2 mL、1 mL、0.5 mL、0.1 mL 等几种。因生产厂家的不同，其刻度方法也有所不同。虽有多种型号的吸量管，但一般刻度吸量管可分为吹出式和流出式。

①吹出式：该种吸量管一般都注有“吹”字。使用 1 mL 以下（不包括 1 mL）的吸量管时，必须将管尖端残留的液体吹入受器。

②流出式：该类吸量管的刻度分为两种：上有零刻度、下无总量刻度；上有总量刻度、下无零刻度。按流速，该类吸量管可分为慢流速和快流速两种。其中，按容量和精密度不同，慢流速吸量管又可细分为 A 级与 B 级，快流速吸量管仅有 B 级，在吸量管上都标有 A 或 B 的标识。若使用 1 mL 以上（包括 1 mL）吸量管在放出液体后，尖端遗留的液体不应吹出，应让吸量管尖端紧靠在管壁上，A 级停留 5 s，B 级停留 3 s，同时转动吸量管，最后吸量管尖端残留的液体不应吹出。

上述两类吸量管虽有不同之处，但其操作规程是相同的，现将其使用方法一并介绍如下。

（一）选择

使用前应根据需要选择适当的吸量管，其总容量最好等于或稍大于取液量，同时必须看清楚吸量管的刻度读数，以免弄错。

（二）执管

用拇指及中指持住吸量管的上部，用食指堵住管口及控制流量，刻度数字要向着自己。切忌用大拇指堵住管口，控制流量。

（三）量取溶液

将吸量管的尖端插入所量取试剂液面下 1 cm 处，一手持洗耳球，用洗耳球的下端出口对准吸量管上口，将液体轻轻吸上，眼睛注视上升液面。当液面上升至所需取量稍高一些刻度时，立即用另一只手的食指按紧管口，并用滤纸片将吸量管外壁擦抹干净。

(四)调准刻度

用食指控制管内液体流速,使液面缓慢下降。当液体弯月面底部、刻度和视线同在一水平线上时,立即按紧吸量管上口,使液体不再流出。

(五)放出溶液

将吸量管转移至盛所取溶液的容器内,让吸量管尖端接触受器内壁,但不能插入受器内原有液体,以免污染吸量管及试剂。稍松动食指,液体就自然流出。放液后,吸量管尖端残留的液体是吹出或不吹出视选用吸量管种类要求而定。若需要吹的液体,则用洗耳球将其吹出;若要求不吹的液体,则让吸量管尖端停靠容器内壁(吸量管是 A 级停留 5 s、B 级停留 3 s),同时转动吸量管。

(六)洗涤

吸取血液、尿、组织样品及黏稠样品的吸量管,用后应及时用自来水冲洗干净。若吸取一般试剂的吸量管可不必马上冲洗,暂时放在吸量管架上,待实验做完后再清洗。

三、移液器的认识

移液器也称为移液枪,是在一定量程范围内,将液体从原容器内移取到另一容器内的一种计量工具。随着生物技术的发展,移液器已成为除刻度吸量管、移液管外,生物化学实验中的重要量器,具有精确度高、可连续操作、使用方便等特点。

四、移液器的分类

①根据工作原理,其可分为空气置换移液器与正向置换移液器。

②根据能够同时安装吸头的数量,其可分为单通道移液器和多通道移液器。

③根据刻度是否可调节,其可分为固定移液器和可调节式移液器。

④根据调节刻度方式,其可分为手动式移液器和电动式移液器。

⑤根据特殊用途,其可分为全消毒移液器、大容量移液器、瓶口移液器、连续注射移液器等。

五、移液器的使用方法

1. 选择合适的移液器

根据吸取液体的容量的不同,选择不同量程的移液器,量程越接近吸取量越好。在生物化学实验中,常用移液器多选用手动单道可调移液器。

2. 设定移液体积

调节移液器的移液体积控制旋钮进行移液量的设定。调节移液量时,应视体积大小而旋转刻度至超过设定体积的刻度,再回调至设定体积,以确保移取的最佳精确度。

3. 装配吸头

将移液器的嘴锥对准吸头管口，轻轻用力垂直下压使之装紧。使用多通道移液器时，将移液器的顶端插入吸头，在轻轻垂直用力下压的同时，左右轻微转动，上紧即可。

4. 移液

应当保证移液器、吸头和待移取液体处于同一温度，然后用待移取液体润洗吸头1～2次，尤其是黏稠的液体或密度与水不同的液体。移取液体前，按下移液旋钮至第一停点位置，再将吸头尖端垂直浸入液面以下2～3 mm深度(严禁将吸头全部插入溶液)，缓慢松开按钮回原点，待吸头吸入溶液后静置2～3 s，并斜贴在容器壁上淌走吸头外壁多余的液体，然后将移液器移至待移入溶液的容器内，将移液操作杆按至第一停点位置排出液体，稍停片刻继续将移液操作杆按至第二停点位置排出残余液体，最后缓慢松开移液操作杆。

5. 移液器的放置

移液工作完毕后，用大拇指按住移液器的吸头推杆向下压，安全退出吸头，再将其容量调到标识的最大值，然后将移液器悬挂在专用的移液器架上；长期不用时应置于专用盒内。

6. 高黏度液体建议使用反向移液法

操作：先按下按钮至第二停点位置，慢慢松开移液操作杆回原点；排出液体时将移液操作杆按至第一停点位置排出设置好体积的液体，继续保持按住移液操作杆位于第一停点位置取下有残留液体的吸头而弃之。

六、使用注意事项

①在调节移液器的过程中，转动旋钮既不可太快，又不能超出其最大或最小量程，否则易导致量不准确，并且易卡住内部机械装置而损坏移液器。

②在装配吸头的过程中，用移液器反复强烈撞击吸头反而会拧不紧，长期如此操作会导致移液器中的零件松散，严重时会导致调节刻度的旋钮卡住。

③当移液器吸头里有液体时，切勿将移液器水平放置或倒置，以免液体倒流而腐蚀活塞弹簧。

④实验结束后，应旋转移液器调节旋钮至标识的最大值。

⑤对移液器进行高温消毒时，应先查阅所使用的移液器是否适合高温消毒后，再进行处理。

七、试管中液体的混匀法

“混匀”是生化实验中常用的基本操作，容器中先后加入的几种试剂能否充分混匀往往是实验成败的关键之一。液体于试管中混匀的常用方法有下列几种。

1. 甩动法

右手持试管上部，将试管轻轻甩动振摇即可混匀。该法适用于液体较少时。

2. 弹敲法

右手持试管上部，将试管的下部在左手掌心弹敲，也适用于管内液体不多时。

3. 旋转法

右手掌心顶住试管上口，五指拿紧试管，利用腕力使管向一个方向做圆周运动，使管内液体造成旋涡而混匀。该法适用于试管中液体较多或小口器皿，如锥形瓶。

4. 吹打混匀法

用清洁吸量管将溶液反复吸放数次，使溶液充分混匀。成倍稀释某种液体往往采用该法。

5. 涡旋法

将需要混合的液体装入容器（液体约占容器的 1/3），手持容器放在涡旋振荡混合器的工作台上（或用附件固定）即可混匀。混匀速度视需要可进行调整。若用烧杯或三角烧瓶配制溶液，一般可用玻璃棒搅拌或用磁力搅拌器搅拌溶解及混匀。

第四节　常用实验样品的处理

一、血液样品的采集

血液是生化分析中十分重要的样品之一。血液中各成分的生化分析结果是了解机体代谢变化的重要指标，因此必须掌握正确的血液样品的采集及处理的方法。

（一）采血前的准备

1. 实验动物的准备

血液中有些化学成分有明显的昼夜波动，如血浆皮质醇在早晨高而傍晚低，至午夜降到最低水平；血清铁也有类似的波动；有些成分在动物进食前后有所改变，且进餐后血清容易出现浑浊，影响和干扰结果的准确性，如血糖（blood glucose，GLU）、总胆固醇（total cholesterol，TC）、碱性磷酸酶（alkaline phosphatase，ALP），因此采血应在禁食 12 h 后进行，这样可以将食物对血液各种成分浓度的影响降低到最低程度。

2. 采血器具的准备

采血器皿及样品容器都必须清洁，充分干燥和冷却后才能使用。抽取血液时，动作不宜太快，采出的血液要沿管壁慢慢注入盛血的容器。若用注射器取血，采血后应先取下针头，再慢慢注入容器。推动注射器时的速度也不可太快，以免吹起气泡造成溶血。盛血的容器不能用力摇动以免溶血。为防止畜（禽）疾病的产生和蔓延，必须做到一畜（禽）一针或使用一次性消毒采血针头。

3. 对采血操作人员的要求

在实验动物出现兴奋、恐惧等状态时，某些生化指标会发生变化，影响实验结果的准确性。例如，在实验操作过程中，动作的简单粗暴会使实验动物体内血液循环加快，糖消耗加快，导致血糖结果偏低，而谷草转氨酶（glutamic-oxaloacetic transaminase，GOT）、血尿素氮（blood urea nitrogen，BUN）的检测也可能结果偏高，使检测结果不准确，因此实验操作人员对待实验动物必须有爱心，动作轻柔。

(二)采血部位的确定

各种实验动物的采血部位和方法需视动物的种类、检验项目、实验方法及所需血量而定。一般较大动物,如马、牛、猪等多由颈静脉采血;小动物,如兔常由耳静脉采血,也可从颈静脉采血及心脏采血。犬由隐静脉采血,天竺鼠和大白鼠则由心脏采血,家禽由翼静脉采血和隐静脉采血及心脏采血。

(三)采血的注意事项

①在采血时要避免溶血。溶血将造成成分混杂,从而引起测定误差。

②动脉血和静脉血的化学成分略有差异。除血氧饱和度、二氧化碳分压等有明显不同外,静脉血中的乳酸的浓度比动脉血中的浓度略高。

③在整个实验期间,血液样品的采集时间必须保持一致。因为在昼夜之间或在饥饿与饱食的不同状态时,动物的血液成分往往有很大不同。

二、血清的制备

血清是全血不加抗凝剂自然凝固后析出的淡黄色清亮液体。其所含成分接近于组织间液,代表着机体内环境的物理化学性状,比全血更能反映机体的状态,是常用的血液样品。

操作:将刚采集的血液直接注入试管,将试管倾斜放置,使血液形成一个斜面。夏季于室温下放置,待血液凝固后,即有血清析出;冬季的室温较低,不易析出血清,故需将血置于 37 ℃水浴或温箱中促进血清析出。此外,可将刚采集的血液注入洁净的离心管,待血液凝固后,以钝头玻璃棒将血块与管壁轻轻剥离,2 000～2 500 r/min 离心 15 min,便有血清析出。析出的血清应及时用吸量管吸出,备用,若不清亮或带有血细胞,应离心;制备好的血清应及时进行实验测定,否则应加盖冷藏备用。

三、全血及血浆的制备

若要用全血或血浆作为样品,必须在血液凝固前使用抗凝剂对血液进行处理。

(一)抗凝剂种类

实验室常用的抗凝剂有如下几种,可根据情况选择使用。

1. 草酸钾(钠)

该抗凝剂的优点是溶解度大,可迅速与血中钙离子结合,形成不溶性草酸钙,使血液不凝固。每毫升血液用 1～2 mg 即可。

操作:配制 10%草酸钾(钠)水溶液。吸取该液 0.1 mL 放入试管,慢慢转动试管,使溶液尽量铺散在试管壁上,置 80 ℃烘箱烤干(若超过 150 ℃则分解),管壁即呈一薄层白色粉末,加塞备用。可抗凝 5 mL 血液。

该抗凝血试剂常用于非蛋白质氮等多种测定项目,不适用于钾、钙的测定。对乳酸脱氢酶、酸性磷酸酶和淀粉酶等具有抑制作用,使用时应注意。

2. 草酸钾-氟化钠

氟化钠是一种弱抗凝剂，但浓度为 2 mg/mL 时能抑制血液内葡萄糖的分解，因此在测定血糖时常与草酸钾混合使用。

操作：草酸钾 6 g、氟化钠 3 g 溶于 100 mL 蒸馏水中。每个试管加入 0.25 mL，于 80 ℃烘干备用。每管可抗凝 5 mL 血液。

该抗凝剂常用于非蛋白质氮等多种测定项目，不适用于钾、钙的测定。使用时应注意，其对乳酸脱氢酶、酸性磷酸酶和淀粉酶具有抑制作用。由于氟化钠抑制脲酶，所以该抗凝剂不能用于脲酶法的尿素氮测定，也不能用于淀粉酶及磷酸酶的测定。

3. 乙二胺四乙酸二钠

乙二胺四乙酸二钠（EDTA-2Na）易与钙离子络合而使血液不凝。有效浓度为 0.8 mg，可抗凝 1 mL 血液。

操作：将其配成 4%EDTA-2Na 水溶液。每管装 0.1 mL，80 ℃烘干。可抗凝 5 mL 血液。

该抗凝血液适用于多种生化分析，但不能用于血浆中含氮物质、钙及钠的测定。

4. 肝素

肝素（heparin）是最佳抗凝剂，主要抑制凝血酶原转变为凝血酶，从而抑制纤维蛋白原形成纤维蛋白而凝血。0.1～0.2 mg 或 2 0 U 可抗凝 1 mL 血液。

操作：将其配成 10 mg/mL 的水溶液。每管加 0.1 mL 于 37～56 ℃烘干，可抗凝 5～10 mL 血液（市售品为肝素钠溶液，每毫升含 12 500 IU，相当于 100 mg，故每 125 IU 相当于 1 mg）。

除上述抗凝剂外，还有柠檬酸钠（枸橼酸钠）、草酸铵等，因不常用于生化分析，故不做介绍。

抗凝剂用量不可过多，如草酸盐过多，将造成在用钨酸法制备血滤液时，蛋白质沉淀不完全；测氮时，加奈斯勒试剂后易产生浑浊等现象。

（二）全血的制备

全血是指抗凝的血液，即在血液取出后立即与适量的抗凝剂充分混合，以免血液凝固。抗凝剂预置于准备承接血液的容器中。抗凝剂的种类可以根据实验的需要进行选择。

操作：将刚采取的血液注入预先加有适合要求的抗凝剂试管，轻轻摇动，使抗凝剂完全溶解并分布于血液中。

（三）血浆的制备

血浆是指抗凝血浆。游离血红蛋白、变性血红蛋白、纤维蛋白原的测定须用血浆。

操作：将已抗凝的全血放置一段时间或于 2 000 r/min 离心 10 min，沉降血细胞，上层清液即为血浆。分离较好的血浆应为淡黄色。为避免产生溶血，必须采用干燥清洁的采血器具和容器，尽量少振荡。

血浆比血清分离得快且量多。两者的差别主要是血浆比血清多含一种纤维蛋白原，其他成分基本相同。

（四）血液的量取

已制备好的抗凝血液放置后，红血细胞将自然下沉，往往造成量取全血时的误差，因此量取全血时，血液必须充分混合，以保证血细胞和血浆分布均匀。其操作如下。

1. 血液混匀法

若血液装在试管中，可用玻璃塞或洁净干燥的橡皮塞，塞严管口。缓慢上下颠倒数次，使血细胞、血浆均匀混合。颠倒时切不可用力过猛，以免溶血；也可用一个弯成脚形的小玻璃棒插入管内，上下移动若干次，完全混匀。血液混匀后应立即量取，且每次量取前都必须重复该操作。

2. 准确量取法

用吸量管量取血液时，要将已充分混匀的血液吸至需要量取血液容量的稍上方处，用滤纸片擦净吸量管外壁的血液，而后使血液慢慢流至刻度，放出多余血液，再次擦净管尖血液。然后运用食指压力控制着流出速度，慢慢把血液放入容器，将最后一滴吹入容器（若是不应吹的吸量管，则将管尖贴在接受容器的壁上转动几秒，使液体尽量流出即可）。血液流出后，管壁应洁净，且看不到血液薄层附着。

四、无蛋白质血滤液的制备

测定血液或其他体液的化学成分时，样品内蛋白质的存在常常会干扰测定，因此需要先做成无蛋白质滤液再行测定。

无蛋白质血滤液制备的基本原理是以蛋白质沉淀剂沉淀蛋白质，用过滤法或离心法除去沉淀的蛋白质。常用的方法有以下几种。

（一）福林-吴（Fo1in-Wu）法（钨酸法）

1. 原理

钨酸钠与硫酸混合，生成钨酸：$Na_2WO_4 + H_2SO_4 \rightarrow H_2WO_4 + Na_2SO_4$。

血液中的蛋白质在 pH 小于等电点的溶液中可被钨酸沉淀。沉淀液经过过滤或离心，上清液即为无色而透明、pH 约等于 6 的无蛋白质滤液。其可供非蛋白质氮、血糖、氨基酸、尿素、尿酸及氯化物等项测定。

2. 试剂

①10%钨酸钠：称取钨酸钠（$Na_2WO_4 \cdot 2H_2O$）100 g 溶于少量蒸馏水，最后加蒸馏水至 1 000 mL。该液以 1%酚酞为指示剂，试之应为中性（无色）或微碱性（呈粉红色）。

②1/3 mol/L 硫酸溶液。

3. 操作

① 取 50 mL 锥形瓶或大试管 1 支。

② 吸取充分混匀的抗凝血 1 份，擦净管外血液，缓慢放入锥形瓶或试管底部。

③ 准确加入蒸馏水 7 份，混匀，使完全溶解。

④加入 1/3 mol/L 硫酸溶液 1 份，随加随摇。

⑤加入 10%钨酸钠 1 份，随加随摇。

⑥放置约 5 min 后，如振摇也不再发生泡沫，说明蛋白质已完全变性沉淀。用定量滤纸过滤或离心（2 500 r/min，10 min），即得完全澄清无色的无蛋白质血滤液。

制备血浆或血清的无蛋白质血滤液与上述方法相似。它们的不同点是加 8 份水，而钨酸钠和硫酸各加 1/2 份水。

(二)黑登(Haden)改良法

取血液1份加入锥形瓶或大试管,加入8份1/24 mol/L硫酸溶液,此时血细胞迅速破裂,颜色变黑(若反应进行较慢,可振摇容器以加速反应进行),再加入10%钨酸钠1份,摇匀,过滤或离心即可。该方法制备无蛋白质滤液的优点是产生的滤液较多。

用上述任何方法制得的血滤液都是将原来样品稀释10倍(1∶10),所以1 mL无蛋白质血滤液相当于0.1 mL的全血、血浆或血清。

(三)氢氧化锌法

1.原理

血液中蛋白质在pH大于等电点的溶液中可用Zn^{2+}来沉淀。生成的氢氧化锌本身为胶体,可将血中葡萄糖以外的许多还原性物质吸附而沉淀,所以该法所得滤液最适用作血液葡萄糖的测定(因为葡萄糖多是利用它的还原性来定量的)。但测定尿酸和非蛋白质氮时含量降低,不宜使用该滤液。

2.试剂

①10%硫酸锌溶液:称取硫酸锌($ZnSO_4 \cdot 7H_2O$)10 g溶于蒸馏水并定容至100 mL。

②0.5 mol/L氢氧化钠溶液。

3.操作

①取干燥洁净的50 mL锥形瓶或大试管1支,准确加入7份水。

②准确加入混匀的抗凝血液1份,摇匀。

③加入10%硫酸锌溶液1份,摇匀。

④慢慢加入0.5 mol/L氢氧化钠溶液1份,边加边摇,放置5 min,用定量滤纸过滤或离心(2 500 r/min,10 min),得清明透亮的滤液。该滤液同样稀释了10倍。

(四)三氯醋酸法

1.原理

三氯醋酸为有机强酸,能使蛋白质变性而沉淀。

2.试剂

10%三氯醋酸溶液。

3.操作

取10%三氯醋酸9份置于锥形瓶或大试管中,加1份已充分混匀的抗凝血液。加时要不断摇动,使其均匀。静置5 min,过滤或2 500 r/min离心10 min,即得10倍稀释的清明透亮的滤液。

五、组织匀浆的制备

组织匀浆是指将动物组织细胞在适当的缓冲溶液中研磨,使细胞膜破坏,细胞内容物悬浮于缓冲液中形成的混悬液。

由各种组织做成的匀浆因细胞膜被破坏,反应基质被加入匀浆,基质可以不受细胞质膜通透性的限制而直接与酶相作用。此时所测得的反应产物或基质消耗量即能代表该基质在酶作用下的转变量，从中可反映组织或酶的代谢活性。同时，细胞中的各种成分，如DNA、RNA、蛋白质和酶等也需要破碎红细胞做成组织匀浆后才能进行分离和提取，所以在生物化学实验中，制作组织匀浆是重要的操作之一。

操作：将新鲜离体的组织器官弃除其他组织，用预冷的生理盐水洗去血污，加入适当的缓冲溶液。若是肝脏等柔软组织用剪刀剪成碎块，直接用玻璃匀浆器磨成匀浆；若是心脏等坚实组织可先剪成块，用组织捣碎机捣成粗组织糜，而后再用玻璃匀浆器磨碎。

制作组织匀浆需要在低温下进行。组织器官离体后应放于冰冷溶液中处理。匀浆时，匀浆器相互摩擦而产生高热，易使酶变性或其他组织成分分解破坏，在制备匀浆时，需将匀浆器置于冰浴中。制作好的组织匀浆应及时使用或在低温下进行短期贮存。

六、生物大分子的基本制备技术

生物大分子物质主要是指蛋白质(酶)和核酸。研究蛋白质、酶和核酸等生物大分子的结构与功能，必须优先解决这些生物大分子的制备问题，包括选材、细胞的破碎和细胞器的分离、生物大分子的提取和分离、纯化、浓缩干燥和贮存等方面。而制备方法的选择则是以生物大分子的性质(如分子大小、形状、溶解度、带电性质、生物功能等)为依据。与化学产品的分离制备相比较，生物大分子的制备有以下主要特点。

①生物材料的组成极其复杂，常常包含有数百种乃至几千种化合物。

②许多生物大分子在生物材料中的含量极微，分离纯化的步骤繁多，流程长。

③许多生物大分子一旦离开了生物体内的环境就极易失活，分离过程中如何防止其失活就是生物大分子提取制备最困难之处。

④生物大分子的制备几乎都是在溶液中进行的，温度、pH、离子强度等各种参数对溶液中各种组成的综合影响，很难准确估计和判断。

生物大分子的分离纯化方法多种多样，主要是利用它们之间的性质差异。根据分子大小和形态不同，建立的方法有差速离心、超滤、分子筛和透析等；根据分子溶解度不同，建立的方法有盐析、萃取、有机溶剂沉淀、分配层析和结晶等；根据分子电荷差异不同，建立的方法有电泳、等电聚焦电泳和离子交换层析等；根据分子生物功能专一性不同，建立的方法有亲和层析。

(一)生物大分子制备的前处理

1. 生物材料的选择

制备生物大分子要选择适当的生物材料。选择的材料应含量高、来源丰富、制备工艺简单、成本低，尽可能保持新鲜，尽快加工处理。如暂不提取，动物材料则需深度冷冻保存，一般用液氮速冻后，−80 ℃保存。

动物组织要先除去结缔组织、脂肪等非活性部分。如果所要求的成分在细胞内，则要先破碎红细胞，然后用适当的溶剂提取。

2. 细胞的破碎

细胞中的大多数成分都需要先破碎红细胞，做成组织匀浆后才能进行分离和提取，如DNA、RNA、蛋白质和酶等。在生物化学实验中，破碎组织细胞使细胞内容物悬浮于缓冲液中形成混悬液是重要的操作之一。

不同的生物体或同一生物体的不同部位的组织，其细胞破碎的难易不一，使用的方法也不相同。常用的方法有以下几种。

(1)研磨法　将新鲜离体的组织器官洗去血污，弃除其他组织，加入适当的溶液，直接用玻璃匀浆器磨成匀浆或加入少量石英砂研磨成匀浆。该法多用于肝脏等柔软组织。

制作组织匀浆需要在低温下进行。离体后的组织器官应放置于冰冷溶液中处理；匀浆时，匀浆器相互摩擦产生高热，易使酶变性，所以在匀浆器轴的中空部要放入冰盐溶液，匀浆器外套管也应用冰盐溶液冷却。

(2)组织捣碎器法　该法是一种用组织捣碎机(即高速分散器)破碎红细胞的方法，其优点是快速，但缺点是瞬间高温可能会引起蛋白质的变性。该法多用于心脏等坚实组织。操作时，也可先用组织捣碎机捣成粗组织糜，再用玻璃匀浆器磨碎。

(3)反复冻融法　把样品冷至－20～－15 ℃使之冻固，然后放于室温(或 40 ℃)迅速融化，如此反复，细胞内形成的冰粒使剩余胞液的盐浓度增高，从而引起细胞溶胀破碎。该法会降低酶的活力，使用时应注意。

(4)超声波法　该法是借助超声波的振动力破碎细胞壁和细胞器，多用于生物材料。利用该法破碎微生物细菌和酵母菌时，时间要长一些。一些对超声波敏感的核酸及酶需慎重使用超声波法。

(5)溶胀法　细胞膜为天然的半透膜，在低渗溶液和低浓度的稀盐溶液中，由于存在渗透压差，溶剂分子大量进入细胞，将细胞膜胀破释放出细胞内含物。溶胀法多用于红细胞的破碎。

(6)有机溶剂处理法　利用三氯甲烷、甲苯、丙酮等脂溶性溶剂或 SDS(十二烷基硫酸钠)等表面活性剂处理细胞，可将细胞膜溶解，从而使细胞破裂。该法可与研磨法联合使用。

(7)酶解法　利用各种水解酶，如溶菌酶、纤维素酶、蜗牛酶或酯酶等，于 37 ℃ pH 8 的缓冲溶液中处理 15 min，可专一性地将细胞壁分解，释放出细胞内含物。该法适用于多种微生物，可与研磨法联合使用。

3.生物大分子的抽提

“提取”常被称为“抽提”，是指利用适当的溶液(称“抽提液”)将经过预处理或破碎的细胞中的蛋白质、核酸等溶解到溶剂中的过程，使被分离的蛋白质、核酸充分地释放到溶剂中，并尽可能保持原来的天然状态和生物活性。抽提往往与细胞破碎过程一起进行。

抽提效果的好坏关键在于溶剂的选择。选择溶剂的原则是目的产物在所选溶剂中溶解度大，又可保持其生物活性，而多数杂蛋白变性沉淀。

蛋白质和酶可以采用稀盐溶液、缓冲液、稀酸或稀碱、有机溶剂等抽提。

(1)稀盐溶液　离子强度对生物大分子的溶解度有极大的影响。绝大多数蛋白质和酶在低离子强度的溶液中都有较大的溶解度，如在纯水中加入少量中性盐，蛋白质的溶解度比在纯水时大大增加，称为“盐溶”现象。盐溶现象的产生主要是少量离子的活动减少偶极分子之间极性基团的静电吸引力，增加溶质和溶剂分子间相互作用力的结果。

(2)稀酸或稀碱　蛋白质、酶的溶解度和稳定性与所处溶液的 pH 有关。在酸碱环境中，蛋白质或酶的溶解度增加，但过酸、过碱都容易引起蛋白质变性失活。一般提取溶剂的 pH 应在蛋白质和酶的稳定范围内，常将 pH 控制在 6～8，处于偏离等电点的两侧。

(3)有机溶剂　一些和脂类结合比较牢固或分子中非极性侧链较多的蛋白质和酶，由于它们难溶于水、稀盐、稀酸或稀碱，常用不同比例的有机溶剂提取。

常用的有机溶剂有乙醇、丙酮、异丙醇和正丁酮等，这些溶剂可与水互溶或部分互溶，同时具有亲水性和亲脂性。

有些蛋白质和酶既溶于稀酸、稀碱，又能溶于含有一定比例有机溶剂的水溶液，在这种情况下，采用稀的有机溶液提取常常可以防止水解酶的破坏，并兼有除去杂质、提高纯化效果的作用。

提取时，为防止蛋白质和核酸变性或降解，需要注意以下几点：一般为 0～5 ℃的低温操作；可以加入降解酶的抑制剂；搅拌要温和，速度太快容易产生大量泡沫，增大与空气的接触面，进而引起酶等物质的变性失活。

（二）生物大分子的分离纯化

尽管生物体的组成成分非常复杂，但多数分离工作关键部分的基本手段具有一致性。

常用的分离纯化方法和技术有：沉淀法（包括盐析、有机溶剂沉淀、选择性沉淀等）、离心技术、吸附层析、凝胶过滤层析、离子交换层析、亲和层析、快速制备型液相色谱以及等电聚焦电泳等。本节以介绍沉淀法为主。

1. 生物大分子的沉淀

沉淀是指溶液中的溶质由液相变成固相析出的过程。沉淀法是分离纯化生物大分子，特别是制备蛋白质和酶时最常用的方法，具有操作简便、成本低廉的特点。

其基本原理是根据不同物质在溶剂中的溶解度不同而实现分离。不同的溶解度由溶质分子之间及溶质与溶剂分子之间亲和力的差异引起，溶解度的大小与溶质和溶剂的化学性质及结构有关。溶剂组分的改变或加入某些沉淀剂以及改变溶液的 pH、离子强度和极性都会使溶质的溶解度产生明显变化。

最常用的几种沉淀方法：①中性盐沉淀（盐析），多用于各种蛋白质和酶的分离纯化；②有机溶剂沉淀，多用于蛋白质和酶、多糖、核酸以及生物小分子的分离纯化；③选择性沉淀（热变性沉淀和酸碱变性沉淀），多用于除去某些不耐热和在一定 pH 下易变性的杂蛋白；④等电点沉淀，用于氨基酸、蛋白质及其他两性物质的沉淀，但该法单独应用较少，多与其他方法结合使用；⑤有机聚合物沉淀，是发展较快的新方法，主要采用聚乙二醇（polyethylene glycol，PEG）作为沉淀剂。

（1）盐析　盐析的原理是蛋白质在高浓度盐的溶液中，随着盐浓度的逐渐增加，蛋白质水化膜被破坏、溶解度下降而从溶液中沉淀出来。由于各种蛋白质的溶解度不同，故可利用不同浓度的盐溶液来沉淀分离各种蛋白质。盐析提纯蛋白质时应考虑以下几个条件的选择。

①盐的种类：蛋白质盐析常用中性盐，主要有硫酸铵、硫酸镁、硫酸钠、氯化钠和磷酸钠等，其中应用最广泛的是硫酸铵，其优点如下。

A. 溶解度大：25 ℃时，硫酸铵的溶解度可达 4.1 mol/L（541 g/L）以上。大约每升水可溶解 767 g。在这一高溶解度范围内，许多蛋白质和酶都可以被盐析沉淀出来。

B. 温度系数小：硫酸铵的溶解度受温度影响不大，例如，0 ℃时，硫酸铵的溶解度仍可达到 3.9 mol/L（515 g/L）。大约每升水可溶解 676 g。需要在低温条件下进行酶的纯化，应用硫酸铵较为有利。

C. 硫酸铵不易引起蛋白质变性：对很多种酶还有保护作用，且价格低廉、容易获得。

硫酸铵的缺点是铵离子干扰双缩脲反应，为蛋白质的定性分析造成一定困难。

②盐的浓度:分段盐析法是通过改变盐的浓度达到分离目的,应该将盐的浓度准确分步提高到各种蛋白质所需的浓度。盐的浓度常用饱和度表示,饱和溶液定为100%。调整盐溶液饱和度的方法有计算法和查表法两种。

A. 计算法。

$$V=V_0\frac{S_2-S_1}{1-S_2}$$

式中:S_2 为所需达到的饱和度;S_1 为原来的饱和度;V 为达到所需饱和度的溶液体积;V_0 为原来的体积,体积的改变造成的误差小于2%,可以忽略不计。

B. 查表法:查询附表5-1和附表5-2,在25 ℃和0 ℃的条件下将1 L饱和度为 S_1 的浓度提高到饱和度为 S_2 的浓度时所需添加固体硫酸铵的质量(g)。

③pH:溶解度与溶液的pH有密切关系。当溶液的pH达到蛋白质等电点时,蛋白质的溶解度最低,最易从溶液中析出,因此在盐析时,应控制溶液的pH,使之等于或接近蛋白质的等电点。

④温度:温度对蛋白质溶解度的影响不如pH对蛋白质溶解度的影响显著,因此对温度的要求不严格。低温主要用于防止蛋白质变性和水解。

⑤蛋白质浓度:溶液中的蛋白质浓度越高,盐析所需的盐饱和度越低,因此盐析时蛋白质浓度不宜过低。但过高的蛋白质浓度也不适合,因为会与其他蛋白质产生共沉淀作用,影响纯度。

(2)有机溶剂沉淀法　该法是利用与水互溶的有机溶剂(如甲醇、乙醇、丙酮等),使蛋白质在水中的溶解度显著降低而沉淀的方法。

①基本原理:有机溶剂对许多蛋白质(酶)、核酸、多糖和小分子生化物质都能发生沉淀作用,是较早使用的沉淀方法之一。A. 降低水溶液的介电常数。向溶液中加入有机溶剂能降低溶液的介电常数,减小溶剂的极性,从而削弱溶剂分子与蛋白质分子间的相互作用力,增强蛋白质分子间的相互作用,导致蛋白质溶解度降低而沉淀。B. 由于使用的有机溶剂与水互溶,它们在溶于水时会从蛋白质分子周围的水化层中夺走水分子,破坏蛋白质分子的水膜,进而发生沉淀作用。

②有机溶剂沉淀法的优点和缺点:A. 分辨能力比盐析高,即一种蛋白质或其他溶质只在一个比较窄的有机溶剂浓度范围内沉淀。B. 沉淀不用脱盐,过滤比较容易(如有必要,可用透析袋脱有机溶剂),因而在生物化学制备中应用广泛。其缺点是对某些具有生物活性的大分子容易引起变性失活,操作需在低温下进行。

③影响有机溶剂沉淀的因素:A. 温度,即多数生物大分子,如蛋白质、酶和核酸在有机溶剂中对温度特别敏感,温度稍高就会引起变性,且有机溶剂与水混合时产生放热反应,因此必须预冷,操作要在冰盐浴中进行,加入有机溶剂时必须缓慢且不断搅拌,避免局部过浓。一般规律是温度越低,得到的蛋白质活性越高。B. 样品浓度,即低浓度样品回收率低,高浓度样品可以节省有机溶剂,减少变性的危险,但杂蛋白的共沉淀作用大。通常以5～20 mg/mL的蛋白质初浓度为宜。C. pH,即选择在样品稳定的pH范围内,通常选在等电点附近,从而提高该沉淀法的分辨能力。D. 离子强度,即盐浓度太大或太小都有不利影响,通常盐浓度以不超

过5%为宜，使用乙醇的量也以不超过原蛋白质水溶液的2倍体积为宜。少量的中性盐对蛋白质变性有良好的保护作用，但盐浓度过高会增加蛋白质在水中的溶解度，降低沉淀效果，通常在低浓度缓冲液中沉淀蛋白质。

如果沉淀所得的固体样品不立即溶解进行下一步的分离，则应尽可能抽干沉淀，减少其中有机溶剂的含量，如若必要，可以装透析袋，通过透析法除去有机溶剂，避免影响固体样品的生物活性。

(3)选择性变性沉淀法　该法利用目的生物大分子与非目的生物大分子在物理性质或化学性质等方面的差异，选择一定的条件使杂蛋白等非目的物变性沉淀，进而实现分离提纯。

①热变性：利用目的生物大分子对热的稳定性不同，加热升高温度使非目的生物大分子变性沉淀，而让目的物留存于溶液中。

②表面活性剂和有机溶剂变性：使那些对表面活性剂和有机溶剂敏感性强的杂蛋白变性沉淀。操作通常在冰浴或冷室中进行。

③选择性酸碱变性：利用对pH的稳定性不同而使杂蛋白变性沉淀，通常是指在分离纯化流程中附带进行的分离纯化步骤。

(4)等电点沉淀法　该法是指利用具有不同等电点的两性电解质，在达到电中性时溶解度最低、易发生沉淀，从而实现分离的方法。氨基酸、蛋白质、酶和核酸都属于两性电解质，可以利用该法进行初步的沉淀分离。

由于许多蛋白质的等电点十分接近，且带有水膜的蛋白质等生物大分子仍有一定的溶解度，无法完全沉淀析出，单独使用该法分辨率较低，该法常与盐析法、有机溶剂沉淀法或其他沉淀剂一起配合使用，以提升沉淀能力和分离效果。

该法主要用于在分离纯化流程中去除杂蛋白，而不用于沉淀目的物。

2.透析和超滤

(1)透析　透析是指利用蛋白质等生物大分子不能透过半透膜而进行纯化的方法。透析的具体操作为将含盐的生物大分子溶液装入透析袋，扎好袋口后放入装有蒸馏水的大容器，通过搅拌，蒸馏水会不断流动，经过一段时间后，透析袋内除大分子外，小分子盐类透过半透膜进入蒸馏水，使膜内外盐浓度达到平衡(图1-1)。若在透析过程中更换几次大容器中的液体，可以使透析袋内的溶液达到脱盐的目的。脱盐透析是应用最广泛的透析方法。

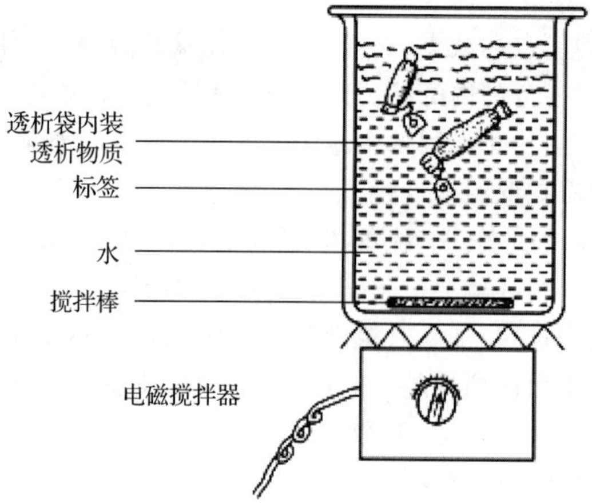

图1-1　透析方法示意图

平衡透析也是常用的透析方法之一。具体操作是将装有生物大分子的透析袋放入盛有一定浓度的盐溶液或缓冲液的大容器，经过一段时间，袋内外的盐浓度（或缓冲液 pH）一致，进而可控制地改变被透析溶液的盐浓度（或 pH）。

如将透析袋放入高浓度吸水性强的聚合物溶液，透析袋内溶液中的水便迅速被袋外聚合物吸收，从而达到袋内液体浓缩的目的，这种方法称为“反透析”。可用作反透析的聚合物有聚乙二醇（PEG）、聚乙烯吡咯烷酮（polyvinyl pyrrolidone，PVP）、右旋糖、蔗糖等。透析用的半透膜很多，玻璃纸、棉胶、动物膜和皮纸等都可用来制作半透膜。

（2）超滤　又称超过滤，是指利用超滤膜过滤分离大分子和小分子物质的方法（图 1-2）。其原理是利用具有一定大小孔径的微孔滤膜，对生物大分子溶液进行过滤（常压、加压或减压），使大分子保留在超滤膜上面的溶液中，过滤出小分子物质及水，进而达到脱盐或浓缩的目的。

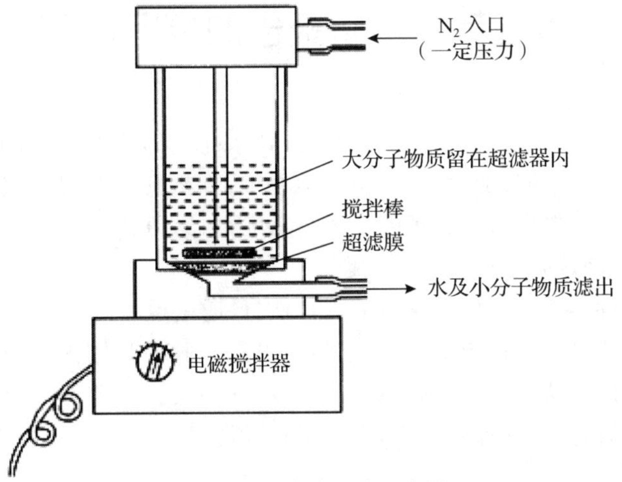

图 1-2　超滤法工作示意图

超滤法现已成为一种重要的生物化学实验技术，在生物大分子的制备技术中主要用于生物大分子的脱盐、脱水和浓缩等。

超滤技术的关键是超滤膜。常用的膜由乙酸纤维或硝酸纤维或该两者的混合物制成。近年来，非纤维型的各向异性膜得到发展，例如，聚砜膜、聚砜酰胺膜和聚丙烯腈膜等。这种膜在 pH 为 1～14 时能保持稳定，且能在 90 ℃下正常工作。超滤膜通常稳定性良好，能用 1～2 年。

超滤法的优点是操作简便、成本低廉，无须增加任何化学试剂，尤其是超滤技术的实验条件温和，与蒸发、冰冻干燥相比没有相的变化，且不引起温度、pH 的变化，因而可以防止生物大分子的变性失活和自溶。

超滤法也有一定的局限性，即它不能直接得到干粉制剂；蛋白质溶液浓度一般只能达到 10%～50%。另外，由于超滤法处理的多数液体是含有水溶性生物大分子、有机胶体、多糖及微生物等，这些物质极易黏附和沉积于膜表面，从而造成严重的浓差极化和堵塞。超滤法的最关键问题是克服浓差极化。克服的方法通常是加大液体流量，加强湍流和加强搅拌；也可采用切向流过滤。切向流是指液体流动方向与过滤方向呈垂直方向的过滤形式。样品的流速与滤膜方向平行，而透过滤液的流速与滤膜方向垂直。通过这种方式，原本沉积在膜上的截留物可以随着液流被冲走。切向流过滤的应用领域包括生物制品的浓缩、提纯、透析(脱盐和脱醇等)、置换缓冲液、培养液和缓冲液除热源等。此外,切向流微滤系统在生物工程领域下游处理中也大显身手,如从发酵液中收集细胞及去除细胞碎片等。

(三)减压浓缩冷冻干燥

生物大分子通常遇热不稳定,极易变性,浓缩和干燥生物大分子不能采用加热蒸发的方法,减压浓缩和冷冻干燥已成为生物大分子制备过程常用的浓缩干燥技术。低压冻干法是使蛋白质溶液在圆底烧瓶的瓶壁上冷冻,同时在真空中让液体升华,从而得到冻干的样品。冷冻干燥所得的产品能够保持生物大分子物质的天然性质,还具有疏松、易于溶解的特性,便于保存和应用。这是保存生物大分子最常用且较好的方法。

第五节　实验报告的撰写规范

动物生物化学实验是在动物生物化学理论及其指导下的实践,其目的在于通过实验过程掌握科学实践的基本方法和技能,培养学生科学思维、分析判断及解决实际问题的能力,引导学生尊重科学事实、树立探索科学真理的学风与态度,加深和巩固学生对生物化学理论知识的理解和认识,通过学以致用,培养学生的兴趣。

为达到实验的目的,要求学生在实验前进行预习,通过预习对实验的内容、目的要求、基本原理、基本操作及注意事项有初步了解;要求学生根据实验的具体内容,在预习的基础上合理安排实验过程中的时间,认真操作,细致观察每一步骤的实验现象,如实做好实验现象和结果的记录;在操作结束后,认真计算或分析,撰写实验报告。

一、实验记录

实验记录是研究过程中记录的原始资料,是实验报告撰写的重要依据,要保持原始实验记录的客观性。

(一)实验记录的原则与要求

1. 原则

实验记录的原则是及时、准确、如实、详尽、清楚。

2. 要求

要求将观察到的客观实验现象、结果、数据及时记录在记录本上或"实验教程"的合适位置。实验结果的记录要求准确真实,不可掺杂任何主观因素,不能受现有资料及他人实验结果影响。若出现"不正常"现象,应如实详尽记录。原始记录要求字迹清晰,严禁主观修改;表格式的记录方式简练清楚,值得提倡和使用,建议根据预习情况,总结需要记录的内容,提前制作表格或流程图,实验中边观察边填写。

(二)实验记录的内容

完整的实验记录应包括日期、题目、目的、原理、操作方法和步骤、现象及结果与分析(包括计算结果及各种图表)。使用精密仪器进行实验时,应记录仪器的名称、规格、型号及生产厂家;应用试剂及试剂盒等,要求观察有效期,并记录其名称、批号及生产厂家。实验结束后,应及时整理和总结实验结果,撰写完成实验报告。实验报告的撰写按照实验内容类型的不同,撰写格式也不同。下面分别介绍定性实验报告和定量实验报告的书写格式,以供参考。

二、定性实验报告书写格式

实验(编号)+实验名称

(如 实验一 唾液淀粉酶活性的观察)

1. 实验目的。
2. 实验原理。
3. 实验的试剂配制及仪器。
4. 实验操作方法(或步骤)。
5. 结果与讨论/结果与分析。
6. 注意事项。

在撰写实验报告时,可以按照实验内容分别阐述原理、操作过程、结果与讨论等。原理部分应简述基本原理。操作方法(或步骤)可以用工艺流程图或自行设计的表格来呈现,简洁、清晰、内容完整。某些实验的操作方法可以和结果与讨论合并,自行设计各种表格并综合书写。结果与讨论包括实验结果、观察现象的小结、对实验课遇到的问题和思考题进行探讨以及对实验的改进意见等(重点撰写影响实验结果频率较高的关键因素,包括实验内容、仪器操作和试剂使用安全等相关事项)。

三、定量实验报告书写格式

实验(编号)+ 实验名称

1. 实验目的。
2. 实验原理。
3. 实验的试剂配制及仪器。
4. 实验的操作方法(或步骤)。
5. 结果与分析。
6. 注意事项。

通常每次实验课做一个定量实验。在实验报告中,应简明扼要地叙述实验目的、原理以及操作方法,同时影响实验结果的实验条件(主要试剂与所用仪器型号)和操作的关键环节也必须清晰写明。实验结果应根据实验课的要求对在特定实验条件下获得的结果和数据进行整理、归纳、分析和对比,并以各种图表的形式呈现。

讨论部分一般结合实验原理和相关基础理论，针对实验结果进行必要的探讨和说明。讨论部分一般包括对实验方法或操作技术以及实验中的其他问题（如对实验的正常结果和异常现象以及思考问题进行探讨）；对实验设计的认识、体会和建议；对实验课改进的建议等。

每份实验报告都应按照上述要求撰写，实验报告的撰写水平是衡量学生实验成绩的重要方面，要求独立完成，严禁抄袭。

第二章　常用生物化学实验技术原理及应用

第一节　离心技术的原理及应用

一、离心技术的基本原理

离心技术是利用旋转运动的离心力以及物质的沉降系数或浮力密度的差别进行分离、浓缩和提纯的一项操作技术。样品中的各溶质颗粒由于其大小、形状和密度的不同，离心时所受的离心力不同，最终实现彼此分离。该技术主要用于各种生物样品的分离和制备，在生物化学和分子生物学研究领域应用十分广泛。

(一)离心力与相对离心力

当一个粒子(生物大分子或细胞器)在高速旋转下受到离心力作用时，该离心力“F”由下列公式定义，即

$$F = m \cdot \alpha = m\omega^2 r$$

式中：α 为粒子旋转的加速度；m 为沉降粒子的有效质量；ω 为粒子旋转的角速度；r 为粒子的旋转半径，即转子中心轴到沉降颗粒之间的距离。

离心力常用地球引力的倍数表示，因而也被称为相对离心力“RCF”。相对离心力是指在离心场中，作用于颗粒的离心力相当于地球重力的倍数，单位是重力加速度“g”(980 cm/s^2)。例如，25 000g 表示相对离心力为 25 000。此时“RCF”相对离心力可用下列公式计算。

$$\text{RCF} = \frac{\omega^2 r}{980}, \omega = \frac{2\pi \times \text{rpm}}{60}$$

所以
$$\text{RCF} = 1.119 \times 10^{-5} \times (\text{rpm})^2 \times r$$

式中：rpm 为每分钟转数(revolutions per minute)(r/min)。

由上式可见，只要给出旋转半径 r，RCF 和 rpm 就可以相互换算。由于转头的形状及结构的差异，每台离心机的离心管从管口至管底的各点与旋转轴的距离不同，即沉降颗粒在离心管中所处位置不同，所受离心力也不同，所以在计算时规定旋转半径均用平均半径“r_{av}”代替，即 $r_{av} = (r_{min} + r_{max})/2$。科技文献中的离心力的数据通常是指其平均值($RCF_{av}$)，即离心管中

点的离心力。

在一般情况下，低速离心常用转速“rpm”表示；高速离心转速则用“g”表示 。“g”可以更真实地反映颗粒在离心管内不同位置的离心力及其动态变化。

（二）沉降速度与沉降系数

1. 沉降速度

沉降速度（sedimentation velocity，v）是指在离心力作用下，单位时间内颗粒沉降的距离。

$$v=\frac{\mathrm{d}r}{\mathrm{d}t}$$

式中：r 为离心机的旋转半径（cm）；t 为离心机的运转时间（min）。沉降速度与离心力场成正比。

2. 沉降系数

沉降系数（sedimentation coefficient，s）是指在单位离心力的作用下，待分离颗粒的沉降速度。

$$s=\frac{\mathrm{d}r/\mathrm{d}t}{r_1\omega^2}=\frac{d^2(\rho_\mathrm{p}-\rho_\mathrm{m})}{18\eta}$$

式中：r_1 为球形粒子半径（cm）；d 为球形粒子直径（cm）；η 为流体介质的黏度系数；ρ_p 为粒子的密度；ρ_m 为介质的密度。

s 的单位为 s，实际应用中常处于 10^{-13} s 左右。为纪念早期超速离心技术的奠基人斯韦德贝里（Svedberg），把 10^{-13} s 称为一个 Svedberg 单位（s），即 1 $s=10^{-13}$ s。近年来，在生物化学、分子生物学及生物工程等书刊文献中，当某些大分子化合物的详细结构和相对分子质量不清楚时，常用沉降系数描述它们的大小。一般单纯蛋白质的沉降系数为 1～20 s，较大核酸分子的沉降系数为 4～100 s，更大的亚细胞结构的沉降系数为 30～500 s。

二、离心机的主要类型

离心机是指用于将悬浮液中的固体颗粒与液体分开或将乳浊液中两种密度不同又互不相溶的液体分开的仪器，可分为工业用离心机和实验室离心机。实验室离心机又分为制备性离心机和分析性离心机：制备性离心机主要用于分离各种生物材料，每次分离的样品容量比较大；分析性离心机多为超速离心机，一般配备光学系统，主要用于研究纯的生物大分子和颗粒的理化性质，依据待测物质在离心场中的行为（用离心机中的光学系统连续监测），推断物质的纯度、形状和相对分子质量等。

离心机根据进样方式可分为连续流离心机和非连续流离心机（分批离心机）；根据离心机是否具备制冷功能可分为常温型离心机、冷冻型离心机和升温型离心机；根据 RCF 大小可分为低速离心机、高速离心机和超速离心机；根据离心机的大小是否可以放置在工作台上可分为台式离心机和落地式离心机。

随着研究和生产实践的需求，离心机不断地更新和进步，出现了多种新型分类的离心机，如根据功能划分的多功能离心机、专用离心机等以及乳脂离心机、细胞涂片离心机和土壤离心机等。下面主要介绍根据 RCF 分类的三种离心机。

(一)低速离心机

转速一般不超过 4 000 r/min,最大相对离心力近 6 000×g,离心容量为几十毫升至几升。分离形式是固液沉降分离,转子有角式和外摆式,其转速不能严格控制,通常不带冷冻系统,于室温下操作,用于收集易沉降的大颗粒物质,如红细胞、酵母细胞等。使用这种离心机应注意样品热变性和离心管对称平衡问题。

(二)高速冷冻离心机

最大转速为 20 000～25 000 r/min,最大相对离心力为 89 000×g,最大离心容量可达 3 L。离心室的温度可以调节和维持在 0～4 ℃,通常用于微生物菌体、细胞碎片、大细胞器、硫酸铵沉淀和免疫沉淀物等的分离纯化,但不能有效地沉降病毒、小细胞器(如核蛋白体)或单个分子,使用时应使离心管精确平衡。

(三)超速离心机

转速在 30 000 r/min 以上,相对离心力可达 10 190 000×g,离心容量由几十毫升至 2 L。与高速冷冻离心机的主要区别是超速离心机装有真空系统。分离的形式是差速沉降分离和密度梯度区带分离,离心管平衡允许的误差要小于 0.1 g。超速离心机的出现使生物科学的研究领域有了新的扩展,能使仅在电子显微镜观察到的亚细胞器得到分级、分离,还可以分离病毒、核酸、蛋白质和多糖等。

离心机转速正确的写法:低速离心用 r/min 表示;高速或超速离心用相对离心力"×g"表示,g 是斜体,前面是乘号。

三、常用的离心分离方法

(一)差速离心法

差速离心法(differential centrifugation)是指通过分级提高离心速度或采用低速与高速交替进行离心的方式,使沉降速度不同的颗粒能在不同的离心速度及不同的离心时间下分批分离的方法。该法一般用于沉降系数相差较大的混合样品的分离(图 2-1)。

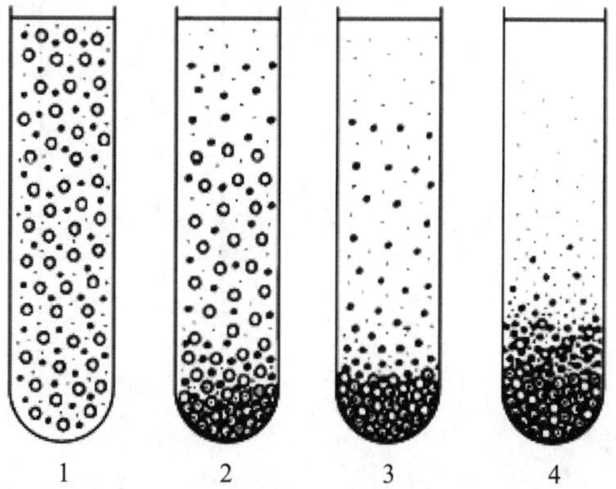

1～4为离心管，从1～4的离心力增加，颗粒逐级被分离。

图 2-1　差速离心法示意图

应用差速离心法要先选择确定颗粒沉降所需的离心力和离心时间。当以一定的离心力在一定的离心时间内进行离心时,离心管底部会得到最大和最重颗粒的沉淀;分离出的上清液在加大转速的条件下再次离心,又可得到第二部分较大、较重颗粒的沉淀及含较小和较轻颗粒的上清液，如此多次离心处理，即可把液体中沉降速度不同的颗粒较好地分离。该法所得的沉淀不均一，仍杂有其他成分，须经过 2～3 次的再悬浮和再离心，才能得到较纯的颗粒。

该法的优点是：操作简便，离心后用倾倒法即可分离上清液与沉淀，还可使用容量较大的角式转子。

该法的缺点是：需多次离心，沉淀存在夹带情况，分离效果差，无法一次得到纯颗粒；沉淀于管底的颗粒受挤压，容易变性失活，主要适用从组织匀浆液中分离细胞器和病毒。

（二）密度梯度区带离心法

密度梯度区带离心法，简称区带离心法或密度梯度离心法，是指将待分离样品液加在惰性梯度介质中进行离心沉降或沉降平衡，在一定的离心力下把颗粒分配到梯度介质中的特定位置，形成不同区带的分离方法。

该法的优点是：①分离效果好，产量大，无杂质污染，可一次获得较纯颗粒；②适应范围广，既能分离具有沉降系数差的颗粒，又能分离有一定浮力密度差的颗粒；③颗粒不会挤压变形，能保持颗粒活性，还可防止已形成区带由对流而引起的混合。

该法的缺点是：①离心时间较长；②需要制备惰性梯度介质溶液；③操作严格，不易掌握。

密度梯度区带离心法可分为以下两种。

1. 差速区带离心法

当不同的颗粒间存在沉降速度差时（不需要像差速沉降离心法所要求的那样大的沉降系数差），在一定的离心力作用下，不同颗粒各自以一定的速度沉降，在密度梯度介质的不同区域形成区带的方法称为差速区带离心法（图 2-2）。该法仅用于分离有一定沉降系数差的颗粒（20％的沉降系数差或更小）或相对分子质量相差 3 倍的蛋白质。与颗粒密度无关，大小相同、密度不同的颗粒（如线粒体、溶酶体等）不能用该法分离。

操作时，先在离心管中装好密度梯度介质溶液，将待分离样品液加在梯度介质的液面上。离心时，由于离心力的作用，颗粒离开原样品层，按不同沉降速度向管底沉降；离心一定时间后，沉降颗粒逐渐分开，最后形成一系列界面清楚的不连续区带。沉降系数越大，向下沉降越

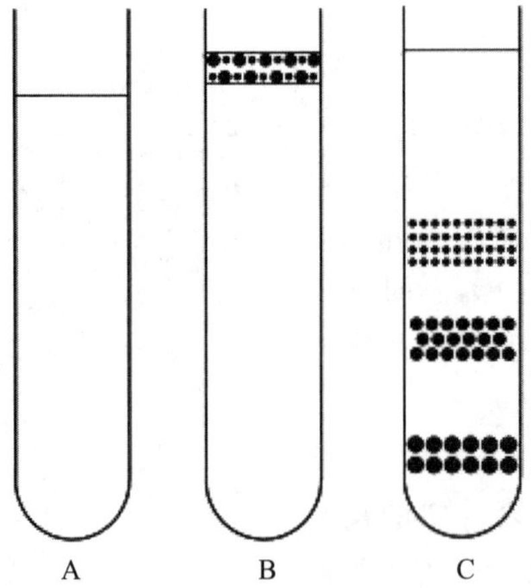

A. 充满密度梯度溶液的离心管；B. 样品加于介质顶部；
C. 在离心力作用下，粒子按照它们的质量以不同的速度移动。

图 2-2　差速区带离心法示意图

快，所呈现的区带越接近管底部。离心必须在沉降最快的大颗粒到达管底前结束，样品颗粒的密度要大于梯度介质的密度。梯度介质通常用蔗糖溶液，其最大密度和浓度可达 1.28 kg/cm^3 和 60%。该离心法的关键是选择合适的离心转速和时间。

2. 等密度区带离心法

离心时，样品中的不同颗粒向上浮起，直至移动到与自身密度相等的等密度点对应的特定梯度位置，进而形成几条不同的区带，这就是等密度区带离心法（图 2-3）。当体系到达平衡状态后，即便延长离心时间、提高转速，处于等密度点的样品颗粒，其区带形状和位置均不再改变。提高转速可以缩短达到平衡的时间，而离心所需时间以最小颗粒到达等密度点（即平衡点）的时间为基准，有时长达数日。等密度区带离心法的分离效率取决于样品颗粒的浮力密度差，密度差越大，分离效果越好，且该效果与颗粒大小和形状无关。不过，大小和形状会影响达到平衡的速度、时间和区带宽度。

通常采用密度梯度较陡的介质，且样品的密度范围被包含在介质密度梯度区间内，根据样品颗粒密度的不同进行分离。一般采用两种加样方式：一种是离心管中预先放置好梯度介质，样品加在梯度液面上；另一种是样品预先与梯度介质溶液混合，装入离心管，通过离心形成梯度液面。等密度区带离心法所用的梯度介质通常为氯化铯（CsCl）、蔗糖、甘油等，氯化铯密度可达 1.7 g/cm^3。该法可分离核酸、亚细胞器等，也可以分离复合蛋白质，但简单蛋白质不适用。

收集区带的方法有多种，例如，①用注射器和滴管从离心管上部吸出；②用针刺穿离心管底部，使区带液滴出；③用针刺穿离心管区带部分的管壁，抽取样品区带；④用一根细管插入离心管底，泵入密度超过梯度介质最大密度的取代液，将样品和梯度介质一同压出，用自动部分收集器收集等。

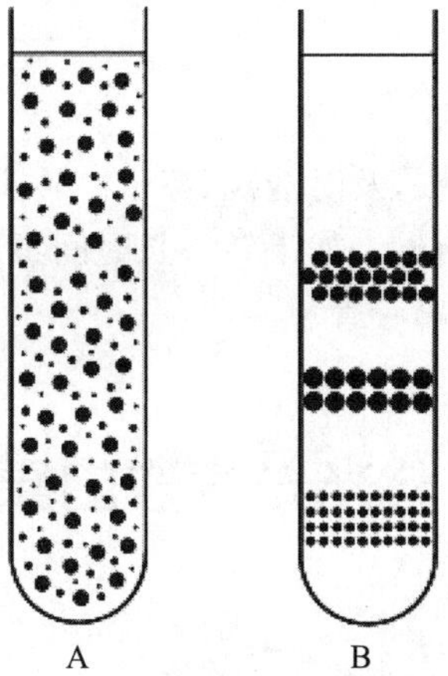

A. 样品与梯度介质混合的均匀溶液；
B. 在离心力作用下，梯度介质重新分布，样品带停留在等密度处。

图 2-3　等密度梯度离心法示意图

四、离心操作的注意事项

高速与超速离心机是生物化学实验教学和生物化学科研的重要精密设备。由于其转速高、产生的离心力大，若使用不当或缺乏定期的检修和保养，极易发生严重的事故，所以使用离心机必须严格遵守操作规程。

（一）离心管的恰当选择

根据各种离心机的具体操作说明，结合待离心液体的性质及体积，选用适合的离心管。无盖离心管的液体不能装得过多，以防离心时液体被甩出，出现转头不平衡、生锈或被腐蚀等问题；而制备性超速离心机的离心管则常常要求必须装满液体，避免离心时塑料离心管上部凹陷与变形。

（二）注意配平

离心管和其内容物要事先配平并对称放置于离心机中，这是各种离心机的必备操作步骤。配平时，质量差值不得超过各个离心机说明书上所规定的允许差值范围。转头绝对不能装载单数离心管，要让负载均匀地分布在转头的周围。

（三）离心过程中不得随意离开

离心时，应随时观察离心机仪表的工作状态，如有异常的声响，就应立即停机检查，及时排除故障。

（四）不得过速使用

每个转头各有其最高允许转速和使用累积时限。使用转头前，要查阅说明书，不得过速使用。每个转头都要有一份使用档案，若记录累积的使用时间超过了该转头的最高使用时限，就需按规定降速使用。

（五）保护转头

每次使用后，必须仔细检查转头，及时清洗、擦干。转头是离心机中须重点保护的部件，搬动时要小心，不能碰撞，避免造成伤痕。如果转头长时间不用，要涂一层上光蜡对其进行保护。严禁使用显著变形、损伤或老化的离心管。

第二节　分光光度法的原理及应用

一、分光光度法的基本原理

有色溶液会对光产生不同程度的选择性吸收。由于不同物质的分子结构不同，对不同波长光的吸收能力也不同，每种物质都具备特异的吸收光谱。分光光度法是指利用物质分子或离子对特定波长范围光吸收能力的不同，对物质进行定性、定量及结构分析的技术方法，也称为分光光度技术，使用的仪器称为分光光度计。该技术具有灵敏度高、精确度高、操作简便快速的优点，是生物化学检测的基本手段之一。

光线属于具有波粒二象性的电磁波，既具有波动特性，又具有粒子特性，其中可见光波长范围为 400～800 nm，波长短于 400 nm 的光线为紫外光区 ，波长长于 800 nm 的光线为红外光区。

分光光度法定量分析依据的原理是朗伯-比尔定律（Lambert-Beer law）。该定律阐明了溶液对单色光吸收的多少，与溶液的浓度及液层厚度之间的定量关系。

（一）透光度与光密度

光线通过均匀透明的溶液可出现三种情况：一部分光被散射；一部分光被吸收；一部分光透过溶液。设入射光强度为 I_0，透射光（透过光）强度为 I，则透光度（transmittance，T）为 I 与 I_0 之比，即 $T=I/I_0$。透光度一般用百分率表示，即透光率（$T\%$），表示光线透过的量度，其值小于 1，溶液的 T 值越大，其对光的透过能力强，吸收的能力弱；反之，溶液的 T 值越小，其对光的透过能力弱，吸收的能力强。为了准确衡量溶液溶质浓度与其对光的吸收程度，常用光密度（optical density，OD）表示，其定义为透光度的负对数，即 $\mathrm{OD}=-\lg T=-\lg(I/I_0)=\lg(I_0/I)$，OD 也可用 A（absorbance，A）表示。

（二）朗伯定律

朗伯定律（Lambert 定律）是溶液的光密度值与溶液的液层厚度之间关系的基本定律。朗伯定律指出，当一定波长的单色光（强度为 I_0）通过透明溶液时，由于部分光被溶液吸收，所以透过溶液的光线强度减弱。当溶液浓度（c）不变时，其透过的液层越厚，则光线强度的减弱程度越显著，其光线透过的程度（I）随液层的厚度（L）的增加呈指数函数减少，即

$$I=I_0\cdot 10^{-kL}$$

式中：k 为吸光系数，是常数，其与光线的波长和吸光物质的性质有关。当溶液浓度 c 以 g/L 为单位，液层厚度以 cm 为单位时，k 用 α 表示，称为吸光系数，其单位为 L/(g·cm)；当溶液浓度 c 以 mol/L 为单位，液层厚度以 cm 为单位时，k 用 ε 表示，称为摩尔吸光系数，其单位为 L/(mol·cm)。ε 表示的意义就是当物质的浓度为 1 mol/L、液层厚度为 1 cm 时溶液的吸光度。

（三）比尔定律

比尔定律（Beer 定律）是溶液的光密度与溶液的浓度之间关系的基本定律。比尔定律指出，当溶液的液层厚度（L）一定时，一定波长的单色光（强度为 I_0）通过透明溶液，溶液的透过光线的强度（I）随溶液浓度（c）的增加呈指数函数减少，即

$$I=I_0\cdot 10^{-kc}$$

（四）朗伯-比尔定律

如果同时考虑液层厚度和溶液浓度对光吸收的影响，就必须将朗伯定律和比尔定律合并，则其表达式为

$$I=I_0\cdot 10^{-kcL}$$

式中：k 为吸光系数。将 $I=I_0 \cdot 10^{-kcL}$ 以对数形式表示如下：

$$\lg(I/I_0)=-kcL$$

式中：I/I_0 为透光度 T，即 $T=I/I_0$。

因此，$\lg(I/I_0)=-kcL$ 可表示为

$$\lg(I_0/I)=kcL$$

而如前所述 $\lg(I_0/I)$ 为光密度(optical density，OD)。

因此，$\lg(I_0/I)=kcL$ 可表示为：

$$\text{OD(或 }A)=kcL$$

由此说明，朗伯-比尔定律的意义：当一束单色光通过一定浓度的溶液时，其光密度与溶液的浓度和光通过的液层厚度的乘积成正比。朗伯-比尔定律适用于可见光、紫外光、红外光和均匀非散射的液体。

需要注意的是，被称为吸光系数(absorption coefficient)的 k 值取决于特定物质吸收光的能力，为常数，其与溶液的浓度、液层厚度及光线强度无关；k 值越大，该物质对某波长光的吸收能力越强，测定的灵敏度就越高。一般认为，k 值大于 10^4 为强吸收，k 值小于 10^2 为弱吸收，此时的分光光度法检测灵敏度较差。

二、分光光度法测定结果的计算

通常测定时通过仪器直接读出光密度值，便可进一步按下列方式处理计算待测溶液的浓度。

(一)计算公式法

计算公式法即利用标准管法计算待测溶液的浓度。在同样的实验条件下，同时测得标准溶液(standard)和待测液(unknown)的光密度值 OD_s 和 OD_u，然后进行计算。

根据 OD(或 A)$=kcL$，可得标准溶液为 $OD_s=k_s c_s L_s$；待测溶液为 $OD_u=k_u c_u L_u$。

两种溶液的液层厚度相等，$L_u=L_s$，且是同一物质的两种不同浓度，在测定时所用单色光也相同，则 $k_u=k_s$。

两式相比得：

$$\frac{OD_s}{OD_u}=\frac{c_s}{c_u}$$

式中：OD_u、OD_s 可由分光光度计测出；c_s 为已知，则待测溶液的浓度 c_u 即可求出。

计算公式法要求两者的浓度必须在光度计有效读数范围内，同时要求配制的标准溶液浓度应尽量接近被测定溶液，否则将出现测定误差。因此，在测定不同浓度的同一物质的批量样品时，计算公式法需要配制许多标准溶液，很不方便。

(二)标准曲线法

标准曲线法即利用标准曲线求出待测溶液的浓度。分析大批待测溶液时，采用该法比较

方便。先配制一系列浓度由高到低的标准溶液，测出它们的光密度值。在标准溶液的一定浓度范围内，溶液的浓度与光密度之间呈线性关系。因此，以不同浓度标准溶液测得的光密度值为纵坐标，以其对应的标准溶液浓度为横坐标，作一条通过原点的光密度值与浓度的直线，该直线称为标准曲线。

在制作标准曲线时，标准溶液不少于 5 个，并以不同浓度梯度递增，测出的数据至少有 3 个点落在直线上；要求标准曲线上的每个点都应做 3 个平行测定，3 个数值力求重叠或十分接近，这样的标准曲线方可使用。

测定待测溶液浓度时，各个未知溶液操作条件按制作标准曲线时的相同条件处理，在同一光度计上测定光密度值，即可通过坐标法绘制标准曲线或计算机软件作图法制作标准曲线，查出或计算相应的溶液浓度值。图 2-4 即为由 A_u 直接查出其浓度 c_u 的示例。在实验条件比较恒定、样品数量多的测定中，标准曲线法十分方便和准确；绘制好的标准曲线仅供在同样条件下处理的被测定溶液使用。

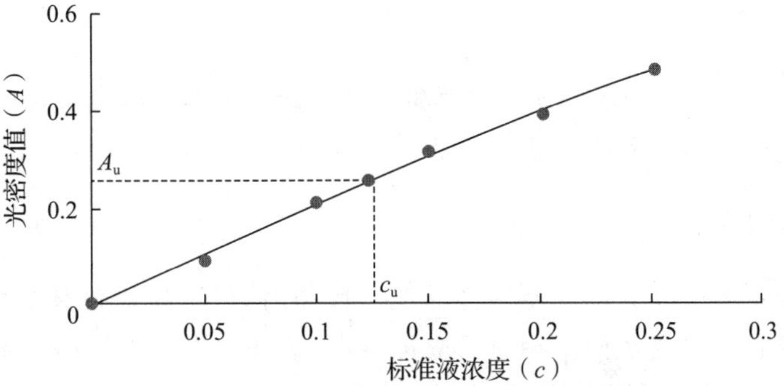

图 2-4　标准曲线（浓度-吸光度曲线）

三、分光光度计的分类

分光光度计，又称光谱仪（spectrometer），是分光光度法检测所用仪器。通常分光光度计的分类方法有两种：一种是按仪器使用的波长分类；另一种是按仪器的光学系统分类。使用较多的分类方法是光学系统分类法。

（一）按仪器使用的波长分类

按该方法，分光光度计可分为真空紫外分光光度计（0.1～200 nm）、可见分光光度计（350～700 nm）、紫外-可见分光光度计（190～1 100 nm）和紫外-可见-红外分光光度计（190～2 500 nm）。

（二）按仪器使用的光学系统分类

按该方法，分光光度计可分为单光束分光光度计、双光束分光光度计、双波长分光光度计、双波长-双光束分光光度计和动力学分光光度计。

四、使用分光光度计的注意事项

(一)使用过程中的注意事项

分光光度计为贵重的精密仪器,要防震、防潮、防光和防腐蚀。

①防震。仪器应放在固定的平稳台上,不要随意搬动,不宜与台式离心机等仪器安放在同一个台面。

②防潮。仪器应放在干燥的环境中,因为光电池受潮后,灵敏度会下降,甚至失效。光电池附近应放置硅胶,仪器应放在干燥处,硅胶应经常更换。

③防光。光电池应避免受光照射。使用时,要防止强光照射及长时间的连续照射。

④防腐蚀。使用时,要防止酸碱等物质侵入机件内部。盛装待测液时,液面达到比色杯2/3左右即可,不宜过多,以防溶液溢出杯外。移动比色杯架拉杆时,动作要轻柔,避免溶液溅出,腐蚀机件。

⑤操作仪器前,应该先了解仪器的结构和工作原理以及各个操纵旋钮的功能,并在接通电源前对仪器的安全性能及工作性能进行检查。旋转旋钮时,不可用力过猛,以防损坏机件。

(二)比色杯的保护

比色杯为每个型号分光光度计专用样品池。操作时,可手持比色杯的磨面,不可用手、滤纸和毛刷等摩擦比色杯的光滑面。用完后立即清洗,清洗的方式为先用自来水冲洗,再用蒸馏水洗净,倒置晾干。若出现有机物玷污,可用 $c(HCl)$ 为 3 mol/L 的盐酸与乙醇按 $V(HCl):V$(乙醇)=2:1 混合液浸泡片刻,再用清水冲洗。不能用碱性溶液或氧化性强的洗涤液清洗比色杯,以防被损坏;也不能用毛刷清洗比色杯,避免损伤其透光面。一般比色杯用一段时间后可放在乙醇溶液中泡 12 h。

(三)测定时对波长的选择

测定波长对比色分析的灵敏度、准确度和选择性有很大的影响。选择波长的原则是:吸收最大,干扰最小。因为吸光度越大,测定灵敏度越高,准确度也容易提高;干扰越小,选择性越好,测定准确度越高。

第三节　电泳技术的原理及应用

电泳是指在直流电场的作用下,带电颗粒向着与其电性相反的电极移动的现象。许多生物分子都带有电荷,其带电荷的多少取决于分子结构及所在介质的 pH 大小和组成。在同一电场作用下,混合物中各组分的泳动方向和速率不同,经过一定时间可实现组分分离。

一、影响电泳迁移率的因素

当把一个带静电荷(Q)的颗粒放入电场时,颗粒会受到推动力(F)的作用。F 的大小取决于颗粒所带的静电荷量和它所处的电场强度(E)。在 F 的作用下,如果处于真空状态下,带电颗粒会迅速向电极移动。带电颗粒在单位电场中泳动的速率,常用迁移率(m)表示,则

$$m = \frac{Q}{6\pi \cdot r \cdot \eta}$$

式中:r 为颗粒半径;η 为介质黏度;Q 为电泳离子的静电荷。

由公式可以看出,影响泳动速率的因素有颗粒性质、电场强度和溶液性质等。

(一)颗粒性质

颗粒性质主要是指颗粒的带电量、直径及形状对泳动速率的影响。一般而言,颗粒带静电荷量越多、直径越小、形状越接近球形,在电场中的泳动速率就越快;反之则越慢。

(二)电场强度

电场强度越高,带电颗粒的泳动速率越快,反之则越慢。根据电场强度大小,电泳可分为常压电泳或普通电泳(2～10 V/cm)和高压电泳(70～200 V/cm)。常压电泳一般用于分离蛋白质等大分子化合物,其所用时间较长。高压电泳多用于分离氨基酸、多肽、核苷酸和糖类等,所用的分离时间较短。

(三)溶液性质

溶液性质主要是指电极溶液的 pH 和样品溶液的 pH、离子强度和溶液的黏度等。

1. pH

溶液的 pH 决定了带电颗粒的解离程度,即决定了颗粒所带电荷的静电荷量。对于蛋白质和氨基酸而言,溶液的 pH 离其等电点越远,所带静电荷量就越大,泳动速率就越快;反之则越慢。因此,选择适宜的缓冲液 pH 至关重要,既要让被分离物质的电荷量差异较大,又不使其改变,以利于各种成分的分离分析。

2. 离子强度

电泳时,溶液的离子强度一般以 0.02～0.2 较适宜。过高的离子强度会降低颗粒的泳动速率。其原因是静电引力使带电颗粒吸引溶液中与其电荷相反的离子,在自身周围形成离子扩散层,扩散层与颗粒移动方向相反,导致颗粒泳动速率降低。若离子强度过低,则无法有效缓冲电泳引起的溶液 pH 的变化,从而影响颗粒的泳动速率。

3. 溶液的黏度

泳动速率与溶液黏度成反比例关系。溶液的黏度大,泳动速率低。电泳时一般要求黏度较小的溶液。

(四)电渗

支持物表面层溶液在电场作用下相对于固体支持物发生的移动现象叫作电渗(图 2-5)。

一般而言,电泳支持物并不是绝对惰性物质,会带有一些离子基团。如果固体支持物本身带有负电荷,如羧基、磺酸基和羟基等,它们会吸附溶液中的正离子,使得靠近支持物的溶液相对带正电荷。在电场中,这部分溶液会向负极移动;此时,如果被分离的物质颗粒带正电荷,就会在这部分溶液带动下向负极移动的速度加快。相反,如果被分离的物质颗粒带负电荷,这部分溶液将会阻滞物质颗粒向正极移动,使颗粒的泳动速率降低。因此,应尽量避免使用具有电渗作用的物质作为支持物。

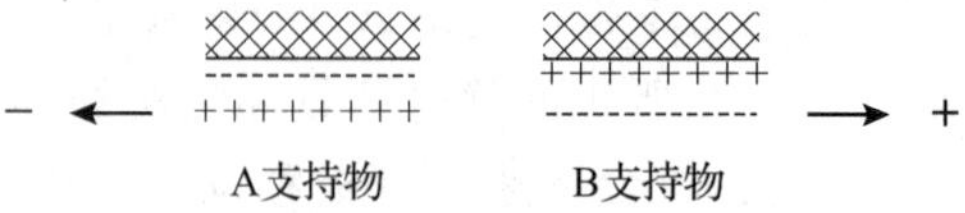

图 2-5　电渗示意图

(五)焦耳热

在电泳过程中,释放的热量与电流强度的平方成正比。当电场强度升高或电极缓冲液中离子强度增大时,电流强度会随之上升,若产生的热量不能及时排出,严重时就会烧断纤维膜,造成琼脂糖凝胶熔化与塌陷,还会降低分辨率。因此,在某些情况下,电泳就需要在低温条件下进行。

(六)筛孔

在以琼脂或聚丙烯酰胺凝胶作为支持物时,它们存在大小不等的筛孔。在筛孔大的凝胶中,溶质颗粒泳动速率快;反之,泳动速率慢。因此,不同的样品物质应选择与之相适应的凝胶筛孔。此外,温度、仪器装置等其他因素也会影响溶质颗粒的泳动速率。

二、几种常用的电泳法

电泳种类繁多,按支持物的物理性状,电泳可分为四类:①纤维薄膜电泳,以玻璃纤维、醋酸纤维、聚氯乙烯纤维为支持物;②凝胶电泳,以琼脂糖凝胶、聚丙烯酰胺凝胶、淀粉凝胶为支持物;③粉末电泳,以纤维素粉、淀粉、玻璃粉为支持物;④线丝电泳,以尼龙丝、人造丝等为支持物。

(一)聚丙烯酰胺凝胶电泳

聚丙烯酰胺凝胶电泳(PAGE)是指以人工合成的聚丙烯酰胺凝胶作为支持物的电泳方法。聚丙烯酰胺(polyacrylamide)凝胶由单体丙烯酰胺和交联剂(双体)甲叉双丙烯酰胺在催化剂作用下产生聚合反应合成。反应生成含有酰胺基链的脂肪长链,相邻长链之间通过甲叉桥连接,形成三维网状结构物质。

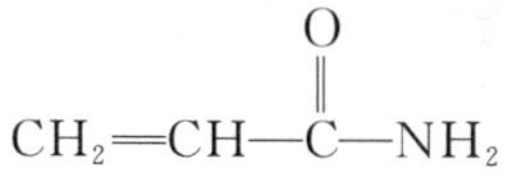

丙烯酰胺(acrylamide,Acr)结构式

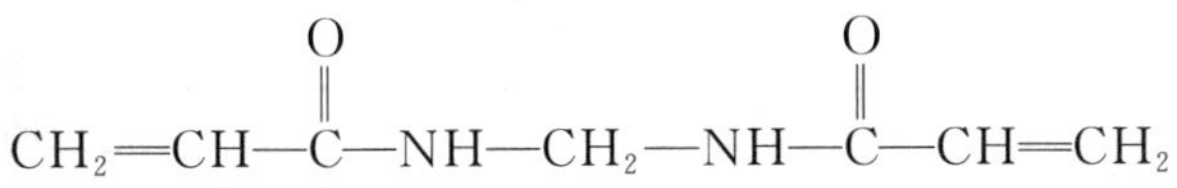

甲叉双丙烯酰胺（*N*，*N*′-methylenebisacrylamide，Bis）结构式

1. 丙烯酰胺的聚合

丙烯酰胺聚合时，常用的催化系统有化学聚合和光聚合两种。

（1）化学聚合　以过硫酸铵[$(NH_4)_2S_2O_8$]作为催化剂，四甲基乙二胺（tetramethylethylenediamine，TEMED）作为加速剂。当向 Acr、Bis 和 TEMED 的水溶液中加入过硫酸铵时，过硫酸铵迅速产生自由基（$S_2O_8^{2-} \rightarrow 2SO_4^{2-}$），单体与自由基的作用随即被“活化”。活化后的单体彼此连接，形成多聚体长链。

化学聚合的优点是孔径较小，且重复性和透明度好。由于催化剂是过硫酸铵强氧化剂，若凝胶中有残余，则会影响蛋白质、酶分子的活性，甚至使其失活。

（2）光聚合　光聚合过程属于受激发的催化反应。催化剂为核黄素，在氧及紫外线作用下，核黄素生成含自由基的产物，其作用与过硫酸铵一样。通常将反应混合液置于普通日光灯下，反应即可发生。在用核黄素催化时，可以不添加 TEMED；如果添加 TEMED，会加快聚合速率。

光聚合形成的凝胶呈乳白色，透明度较差。不过，核黄素催化剂的优点是用量极少，对分析样品无不良影响，且聚合时间可以通过改变光照时间和强度来控制。

2. 凝胶孔径的形成

不同的样品物质在进行电泳时需要选择适配的凝胶网孔。聚丙烯酰胺凝胶可以通过调节单体与交联剂的比例来改变网孔大小。凝胶网孔孔径取决于凝胶浓度（T）和交联度（C）。

$$T = \frac{m_a + m_b}{V} \times 100\%$$

$$C = \frac{m_b}{m_a + m_b} \times 100\%$$

式中：m_a、m_b 为单体和双体的质量(g)；V 为溶液的总体积(mL)。

通常随着凝胶浓度的增加，凝胶的筛孔、透明度和弹性会降低，机械强度却会增加，m_a 与 m_b 的质量比也会对这些性质产生明显影响。

总之，凝胶浓度不同，其交联度也不同。交联度随着总浓度（T）的增加而降低。当总浓度一定，交联度增加时，筛孔直径就会降低。在实际操作中，我们要根据分离物质的分子质量来选择适宜的凝胶浓度，可参考表 2-1。

表 2-1　分子质量范围与凝胶浓度的关系

样品	分子质量/Da	适用的凝胶浓度/%
核酸(RNA)	<10 000	15～20
	10 000～100 000	5～10
	100 000～2 000 000	2～2.6
	<10 000	20～30

续表 2-1

样品	分子质量/Da	适用的凝胶浓度/%
蛋白质	10 000～40 000	15～20
	40 000～100 000	10～15
	100 000～500 000	5～10
	>500 000	2～5

3. 分离效应

以不连续的聚丙烯酰胺凝胶电泳为例说明。不连续凝胶系统的不连续性表现在 3 个方面：①凝胶层的不连续性。凝胶由上下两层组成，两层凝胶的孔径不同，上层为大孔径的浓缩胶，下层为小孔径的分离胶。②缓冲液的离子组成及各层胶的 pH 不同。一般采用碱性系统，电极缓冲液为 pH 8.3 的 Tris-甘氨酸(Tris-Gly)缓冲液，浓缩胶为 pH 6.7 的 Tris-盐酸(Tris-HCl)缓冲液，而分离胶为 pH 8.9 的 Tris-盐酸(Tris-HCl)缓冲液(图 2-6)。③在电场中形成不连续的电位梯度。在这样一个不连续的系统里，存在 3 种物理效应，即电荷效应、浓缩效应(发生在浓缩胶中)和分子筛效应(发生于分离胶中)。因此，它具有比纤维薄膜电泳高得多的分辨率。

(1)浓缩效应　当浓缩胶 pH 为 6.7 时，分离胶为 pH 8.9 的 Tris-HCl 缓冲液，电极缓冲液为 pH 8.3 Tris-Gly 缓冲液时，在电泳开始初期，盐酸几乎全部解离释放氯离子(Cl^-)，而甘氨酸的等电点是 6.0，它在浓缩胶中只有 1%～0.1%解离释放甘氨酸根离子($NH_2CH_2COO^-$)，而样品中的酸性蛋白质一般在浓缩胶中解离为带负电荷的离子。这三种离子带有相同类型的电荷，并同时向正极移动，Cl^- 有效迁移率最大，走在最前面；Gly^- 由于解离度低，有效迁移率最小，走在最后面，蛋白质的有效迁移率介于两者之间，于是在浓缩胶中的各种离子的迁移率形成：Cl^->蛋白质>溴酚蓝>甘氨酸的顺序。由此，把泳动最快的 Cl^- 叫作快离子(前导离子)，把泳动最慢的 $NH_2CH_2COO^-$ 叫作慢离子(尾随离子)。

电泳开始，由于两种胶都有快离子，其在电场中高速移动，很快超过蛋白质和慢离子，并在快离子后面形成一个离子浓度较低的电导区，于是在低电导区产生了较高的电场强度，蛋白质与慢离子在该区域便加速移动。当电场强度(E)和迁移率(M)的乘积彼此相等时，3 种离子的电泳速率相等($v=ME$)，致使在高电压梯度区与低电压梯度区之间形成了一个迅速移动的界面(图 2-7)。

蛋白质的有效迁移率介于快离子和慢离子之间，导致其聚集在这个移动界面附近，被浓缩成一个狭小的中间层。一般样品可浓缩 300 多倍。浓缩的程度与氯离子浓度成正比，与样品浓度无关。

(2)电荷效应　蛋白质混合物在界面处被高度浓缩、堆积成层，并形成一狭窄的高浓度蛋白区。由于各蛋白质组分所载的静电荷量不同，其迁移率也不同。经分离胶电泳后，即使其相对分子质量相等，也会按电荷的差异被分离。

(3)分子筛效应　当快离子、蛋白质、慢离子从浓缩胶进入分离胶时，由于分离胶中 pH 的增加，呈碱性，甘氨酸大量解离，泳动速率增加，直接紧随氯离子，超过了所有的蛋白质分子，最终跑在蛋白质分子的前面，致使高电场强度消失。同时由于分离胶孔径的缩小，在电场的作用下，蛋白分子根据其固有的带电性和分子大小进行分离，于是蛋白质样品就在均一的电场强度和 pH 条件下通过了一定孔径的分离胶。当蛋白质的相对分子质量或构型不同时，通过分离胶所受到的摩擦力和阻滞程度不同，所表现的泳动率也有差异。即使蛋白质分子的静电荷相似，也会在分离胶中被分离，这就是分子筛效应。

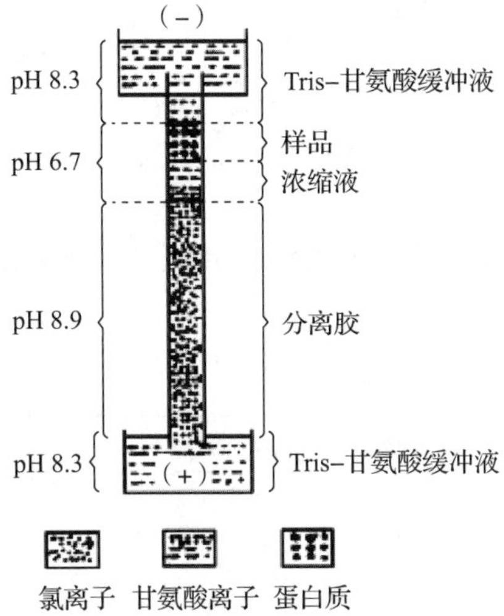

图 2-6　不连续凝胶系统的浓缩层与分离层

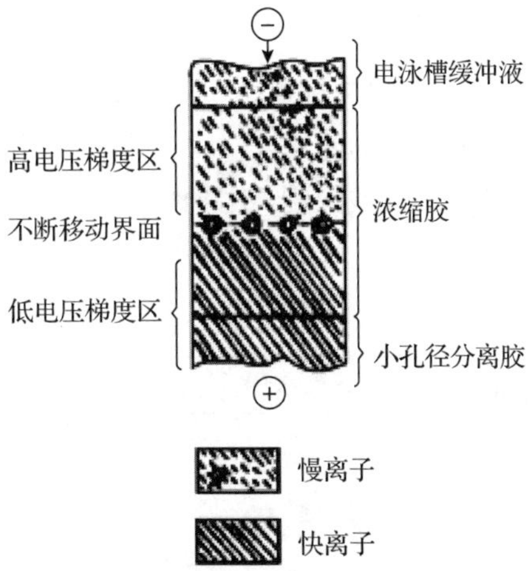

图 2-7　不连续的聚丙烯酰胺凝胶电泳浓缩

4. 主要特点

聚丙烯酰胺凝胶电泳具有以下主要特点。

①聚丙烯酰胺凝胶是人工合成的多聚体。调节其单体和交联剂的比例，就能得到不同孔径的凝胶物质，且重复性好，因此具有广泛的适应性。

②耐处理、机械强度大、弹性好和不易损坏。

③其骨架是由—C—C—C—C……连接而成，侧链不带电，无电渗作用。

④具有设备简单、用样量少(1～100 μg)、分辨率高的优点。

目前，该法已成为分离蛋白质和核酸等大分子物质的重要工具之一，也是进行遗传育种学、微生物学、传染病学、病理学和寄生虫学等方面研究的重要手段。

(二)等电聚焦电泳

等电聚焦电泳(isoelectric focusing electrophoresis，IFE)是在一定抗对流介质(如凝胶)中加入两性电解质等载体，当直流电通过时，会形成一个由阳极到阴极，pH 逐步上升的梯度。两性化合物在该电泳过程中被浓集在与其等电点相等的 pH 区域，进而使不同等电点的化合物按各自等电点实现分离和测定的分析方法。

等电聚焦电泳的分辨率高，且有浓缩效应。该法操作容易、设备简单、省时，所以在蛋白质的等电点测定、纯度分析以及制备电泳纯样品等方面已得到了极广泛的应用。但是它对在等电点时发生沉淀或变性的样品不适用。

等电聚焦电泳的关键问题：①用载体两性电解质形成 pH 梯度；②稳定、集中了分离的蛋白质区带；③分离的蛋白质的鉴定及 pH 的测量。

(三)琼脂糖凝胶电泳

琼脂糖是一种天然的直链多糖，线性结构如图 2-8 所示。

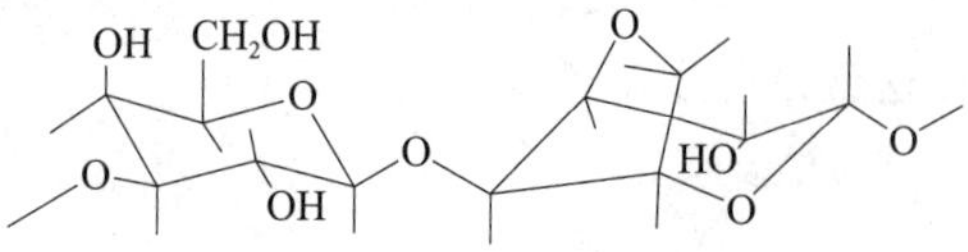

图 2-8　琼脂糖的线性结构

根据需要，制成不同浓度的琼脂糖凝胶，用于分离各种生物物质，如核酸、蛋白质、同工酶和脂蛋白等大分子的物质。

现在以分离核酸为例，不同浓度的琼脂糖凝胶可以分离的 DNA 片段范围参数如表 2-2 所列。

表 2-2　不同浓度的琼脂糖凝胶与 DNA 片段范围

琼脂糖浓度/%	长链 DNA 分子有效分离范围/kb
0.3	60～5
0.6	20～1
0.7	10～0.8
0.9	7～0.65
1.2	6～0.4
1.5	4～0.2
2.0	3～0.1

琼脂糖凝胶电泳方法简单、快速、易操作，在核酸研究中得到了广泛应用。核酸琼脂糖凝胶电泳结果的检测方法有溴化乙锭染色、银染色及同位素放射自显影法等，其中溴化乙锭染色法使用较为普遍。

（四）双向凝胶电泳

双向凝胶电泳是将两种不同的电泳分离程序相结合的技术。与任意单向电泳相比，它能获得更多的有关蛋白质混合物的信息。通常以柱状等电聚焦作为第一向电泳，以板状 SDS-聚丙烯酰胺凝胶电泳作为第二向电泳。

在一个复杂的混合样品中，若某些物质的等电点或相对分子质量相似或等电点与相对分子质量出现“互补”情况，仅用单向凝胶电泳就无法将所含组分全部分开，常常要把第一向电泳胶转移至另一种凝胶介质（pH 和浓度与第一向电泳胶不同）上进行第二向电泳，才能使混合样品得到有效分离。例如，先按照蛋白质等电点的不同进行分离，再按照蛋白质相对分子质量的不同进行分离。由于蛋白质的相对分子质量和等电点之间没有必然联系，在两个方向上利用这些参数就可能获得很高的分辨率，这是目前灵敏度最高的方法之一。

其基本操作流程是：①第一向等电聚焦电泳；②第二向变性聚丙烯酰胺凝胶电泳；③凝胶显色。

（五）毛细管电泳

毛细管电泳（capillary electrophoresis，CE），又称高效毛细管电泳（high performance capillary electrophoresis，HPCE），是一类以毛细管为分离通道、以高压直流电场为驱动力的

新型液相分离技术。该技术是20世纪80年代初由乔根森和卢卡奇提出的。与常规凝胶电泳相比,该电泳具有测试速度快(每次仅需0.5 h)、进样量少(pL～nL)、应用范围广(可用于蛋白质、多肽、核酸、寡核苷酸、碱基、多糖、维生素和多酚类等生物物质的分离检测)和自动化程度高等优点。近年来,该电泳在生物科学研究领域起的作用已越来越大。

毛细管电泳法是在高电场强度作用下,毛细管(内径50～10 μm)中的待测物质可按其相对分子质量、电荷、浓度等因子的差异实现有效分离。在毛细管电泳过程中,电渗流(electroosmotic flow,EOF)对物质的有效分离起着重要作用。EOF是一种流体(层)迁移现象,它的产生与毛细管内壁和溶液界面之间形成的双电层(图2-9)有关。因毛细管由石英硅制成,在pH>7.5溶液中,其内壁表面硅羟基(—Si—OH)会电离成 SiO^-,致使与内壁接触的溶液带正电荷,进而形成双电层。带正电荷的溶液层在外加电场驱动下产生指向负极的电渗流。在毛细管中,电渗速率比电泳速率大一个数量级,所以能实现样品组分同向泳动。由于正离子的运动方向和电渗电泳一致,所以正离子最先流出;中性分子与电渗流同速,随电渗流而行;负离子因其运动方向和电渗相反,在中性粒子之后流出。电渗流与pH的关系十分密切。可见,利用电渗流可将正离子、负离子和中性分子朝同一个方向产生差速迁移,最终完成正离子、负离子的相互分离。在实践中,通过调整电场强度、缓冲液(如组成成分、浓度、pH、表面活性剂和有机溶液等)、毛细管内壁涂层及柱温等因子,可改变电渗流大小和方向,进而提升电泳分辨率和选择性。

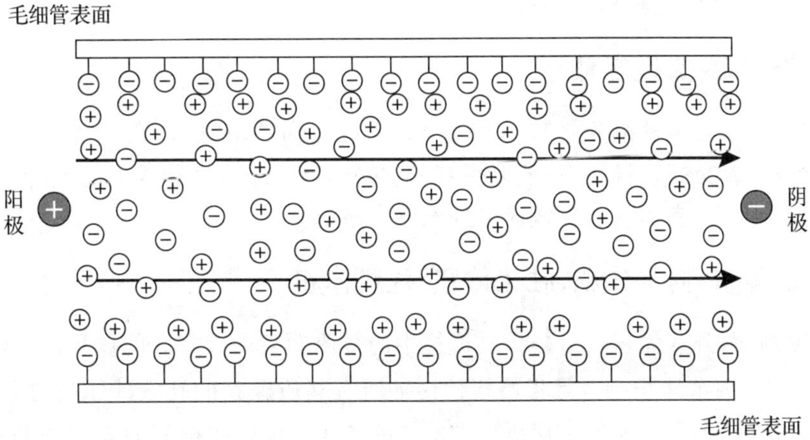

图2-9　电渗流(EOF)

第四节　层析技术的原理及应用

层析技术(chromatography techniques),又称色谱技术,是基于被分离物质的物理、化学及生物学特性(主要涵盖吸附能力、溶解度、分子大小、分子带电性质及大小、分子亲和力等)方面的差异,当这些物质通过由互不相溶的两相(固定相和流动相)组成的体系时,因它们在两相之间的分配比例、移动速率不同,从而实现分离的技术。层析技术的最大特点是分离效果好,能分离各种性质类似的物质,既可用于少量物质的分析鉴定,又可用于大量物质的分离、纯化与制备。层析技术已成为一种重要的物质分离与分析技术，被广泛用于科学研究与生产实践。

一、层析技术的常用术语

(一)固定相

固定相由层析基质组成。其基质包括固体物质(如吸附剂、凝胶、离子交换剂等)和液体物质(如固定在纤维素或硅胶上的溶液)，这些物质能与待分离的化合物发生可逆性的吸附、溶解和交换等作用。

(二)流动相

在层析过程中，推动固定相上待分离的物质朝着一个方向移动的液体、气体或超临界流体等都称为流动相。在进行柱层析时，流动相又称洗脱剂；在进行纸层析与薄层层析时，流动相又称展开剂。

(三)层析

待分离的物质在固定相与流动相这两个相中连续多次地进行分配、吸附或交换等作用，最终使混合物得以分离的过程称为层析。

(四)操作容量(交换容量)

在一定条件下，当某种组分与基质(固定相)反应达到平衡时，存在于基质上的饱和容量，被称为操作容量(或交换容量)。一般以每克(或毫升)基质结合某种成分的量(毫摩尔或毫克)来表示。其数值越大，表明基质对该成分的亲和力越高。

(五)外水体积、内水体积、柱床体积、洗脱体积

如图 2-10 所示，外水体积(V_o)是指层析柱中的基质颗粒周围空间的体积，即基质颗粒间液体流动相的体积。内水体积(V_i)是指层析柱中的所有基质颗粒的孔穴体积的总和。柱床体积(V_t)是指层析柱中膨胀后的基质在层析柱中所占的体积。柱床体积 V_t 是基质的外水体积(V_o)、内水体积(V_i)与基质体积(V_g)的总和。由于 V_g 相对很小，可以忽略不计，则 $V_t=V_o+V_i$。洗脱体积(V_e)是指将样品中某一组分洗脱下来所需洗脱液的体积，即将样品中某一组分从柱顶部洗脱至底部的洗脱液，当该组分在收集的洗脱液中的浓度达到最大值时，所需洗脱液的总体积。

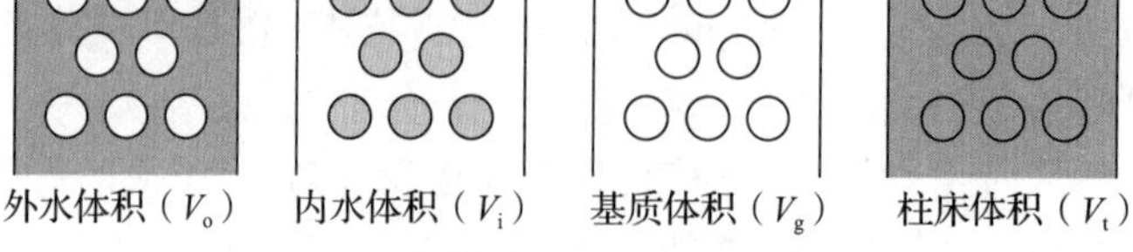

图 2-10　层析柱中的各种体积(阴影部分)

(引自 余冰宾，2004)

(六)排阻极限

排阻极限是指不能进入凝胶颗粒孔穴内部的最小分子的相对分子质量。例如,Sephadex G-50 的排阻极限是 30 kDa,它表示相对分子质量大于 30 的分子都会直接从凝胶颗粒的缝隙中被洗脱出来。

(七)膨胀度

在一定溶液中,单位质量的基质充分溶胀后所占有的体积称为膨胀度,即 1 g 基质溶胀后所具备的柱床体积。一般而言,亲水性基质的膨胀度比疏水性的大。

(八)分配系数和迁移率

分配系数是指在一定的条件下,某种组分在固定相和流动相中含量(浓度)的比值,常用 K 来表示。迁移率(或比移值)是指在一定条件下,在相同的时间内,某一组分在固定相移动的距离与流动相本身移动距离的比值,常用 R_f 表示($R_f \leqslant 1$)。

二、层析技术的分类

(一)根据固定相的形式分类

层析可以分为纸层析、薄层层析和柱层析。纸层析是指以滤纸作为基质的层析。薄层层析是将基质在玻璃或塑料等光滑表面铺成一薄层,在薄层上进行层析。柱层析则是指将基质填装在管中形成柱形,在柱中进行层析。纸层析和薄层层析主要适用于小分子物质的快速检测分析和少量分离制备,通常为一次性使用。而柱层析是常用的层析形式,适用于样品分析、分离。在生物化学中,凝胶层析、离子交换层析、亲和层析、高效液相色谱等都通常采用柱层析的形式。

(二)根据流动相的形式分类

层析可以分为气相层析和液相层析。气相层析是指流动相为气体的层析,而液相层析是指流动相为液体的层析。气相层析测定样品时需要气化,这极大地限制了其在生物化学领域的应用,它主要用于氨基酸、核苷酸、糖类和脂肪酸等小分子的分析鉴定。而液相层析是生物科学领域最常用的层析形式,适用于生物样品的分析、分离。

(三)根据分离原理分类

层析可分为吸附层析、分配层析、离子交换层析、凝胶层析和亲和层析等。

三、常用的层析技术

(一)吸附层析

吸附层析是指待分离混合物随流动相通过由吸附剂组成的固定相时,由于吸附剂对待分离混合物中的不同组分的吸附力不同，从而使待分离混合物中的各组分实现分离的一种层析技术。由于应用范围很广，该技术主要用于三个方面：①生物大分子物质的分离、纯化及分析；②小分子化合物的分离、纯化与分析；③稀溶液的浓缩。

（二）分配层析

分配层析是根据在一个有两相同时存在的溶剂系统中，不同物质分配系数的不同来达到分离目的的一种层析技术。纸层析是典型的分配层析，具有系统简单、使用方便、所需样品量少、分辨率一般能达到要求等优点，被广泛应用于各种氨基酸、肽类、核苷酸、脂肪酸、糖类、维生素及抗生素等化合物的分离，还可以进行定性分析和定量分析。

（三）离子交换层析

离子交换层析是指以离子交换剂为固定相，依据物质带电性质的不同来进行分离的一种层析技术。它所使用的支持物或固定相是离子交换剂。离子交换剂由基质、电荷基团（或功能基团）和反离子构成，基质与电荷基团以共价键连接，电荷基团与反离子以离子键结合。由于离子交换剂含有许多可解离的基团，这些基团解离后，若离子交换剂的母体带正电荷，则为阴离子交换剂；反之为阳离子交换剂。阳离子交换剂可以和溶液中的阳离子进行交换，阴离子交换剂可以和溶液中的阴离子进行交换。同一种离子交换剂对溶液中不同离子的交换能力不同，当不同离子在柱上进行洗脱时，会按先后顺序流出色谱柱，进而达到分离的目的。

离子交换层析的应用很广，主要有几个方面：①高纯水的制备、硬水软化及污水处理等；②无机离子、核苷酸、氨基酸、抗生素等小分子物质的分离纯化；③分离纯化带电性质不同的生物大分子物质。

（四）凝胶层析

凝胶层析又称为凝胶过滤或分子筛层析，是一种根据物质的相对分子质量大小不同来进行分离的方法。它采用具有一定孔径大小，且为网状结构的凝胶颗粒作为支持物开展层析，相对分子质量大小不同的物质随着洗脱剂流过柱床时，相对分子质量小的物质易于渗入凝胶颗粒内部，形成流程长的状况，因而比相对分子质量大的物质晚流出层析柱，以此分离相对分子质量大小不同的物质。由于凝胶层析具有设备简单、操作方便、样品回收率高、实验重复性好，特别是不改变样品生物学活性等优点，该技术被广泛应用于蛋白质、核酸和多糖等生物分子的分离纯化，还被用于脱盐、去热原物质、样品浓缩、蛋白质相对分子质量的测定等。

（五）亲和层析

亲和层析是指一种根据生物分子和配体之间的特异性亲和力（如酶和抑制剂、抗体和抗原、激素和受体等），将某种配体连接在载体上作为固定相，从而对能与配体特异性结合的生物分子进行分离的层析技术。亲和层析具有很高的分辨率，是目前分离生物分子最为有效的技术之一。此外，该技术还可以用于研究某些生物大分子的结构和功能。

四、柱层析的基本装置

柱层析是指一种将固定相装填于柱中进行层析的方法，是目前最常用的一种层析类型之一。柱层析的基本装置有层析柱、恒流装置、检测装置与接收装置等。

(一)层析柱

层析柱一般由玻璃管制成，下端为细口，出口处配有玻璃烧结板或尼龙网。柱的直径和长度之比一般为 1∶(10～50)。

(二)恒流装置

常用的恒流装置是恒流泵，它可以产生均一的流速，且流速可调。

(三)检测装置

较高级的柱层析装置一般都配置检测器(常见的检测器为核酸蛋白检测仪)和记录仪。

(四)接收装置

洗脱液的接收可以手工用试管一管一管接，不过最好使用部分收集器，这种仪器配备上百支试管，可准确定时换管，自动化程度很高。

柱层析的基本装置如图 2-11 所示。

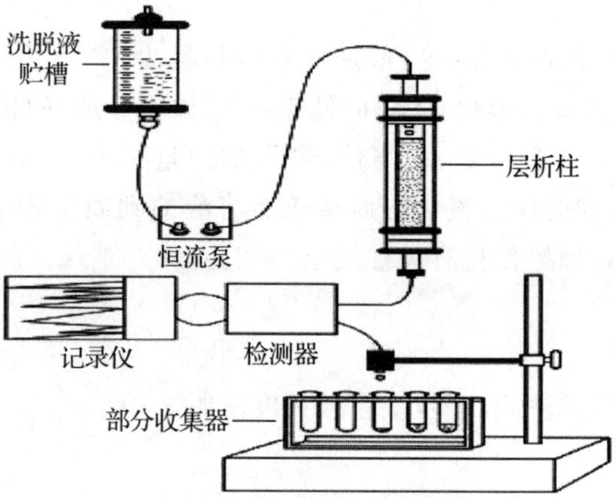

图 2-11　柱层析的基本装置

(引自 余冰宾，2004)

五、柱层析的基本操作

(一)基质的预处理

有些层析方法所用的基质不能直接使用，需要进行预处理。预处理方法因基质而异，例如，离子交换剂需漂洗、酸碱（0.5～1 mol/L）反复浸泡等，凝胶则需预先溶胀等。各种基质的预处理方法有所不同，应按说明书进行操作。

（二）装柱

柱子装填质量的好与差是柱层析法能否成功分离纯化物质的关键步骤之一。柱子的选择根据层析的基质及分离目的而定，一般柱子的直径与长度比为 1∶（10～50），凝胶层析柱可以选 1∶（100～200），务必将柱子洗涤干净再装填。

将层析柱垂直固定好后，关闭出水口，将处理好的层析基质悬浮液迅速倒入柱中，打开出水口，适当控制流速，使基质均匀沉降。随着柱中液面的下降，持续添加层析基质悬浮液，直至柱中基质表面的高度约达到柱高的 80%，在基质平面上要留存高为 2～3 cm 的缓冲液，此时关闭出水口。应特别注意的是，柱子装得要均匀，最好一气呵成，不能出现分层、气泡和裂纹，也不能干柱，基质面要平坦，否则必须重新装柱。

（三）平衡

柱子装好后，要用所需的缓冲液（有一定的 pH 和离子强度）平衡柱子，即利用恒流泵在恒定压力、恒定的流速下过柱（平衡与洗脱时的流速尽可能保持相同），平衡液体积一般为 3～5 倍柱床体积，以确保平衡后柱床体积稳定且基质充分平衡。凝胶层析可用蓝色葡聚糖-2000 在恒压下过柱，如色带均匀下降，则说明柱子均匀。有时柱子平衡好后，还要进行转型处理，这部分内容将在离子交换层析中介绍。

（四）加样

加样量会直接影响分离的效果。一般加样量应尽量少，分离效果会比较好。通常加样量应小于 20%（体积分数）的操作容量，体积应低于 5%（体积分数）的柱床体积，分析性柱层析一般不超过柱床体积的 1%（体积分数）。当然，最大加样量必须在具体实验条件下经多次实验后确定。应注意的是，加样时应缓慢小心地将样品溶液加到固定相表面，尽量避免冲击基质，以维持基质表面平坦。详细操作见有关柱层析的实验。

（五）洗脱

洗脱的方式可分为简单洗脱、分步洗脱和梯度洗脱 3 种。

1. 简单洗脱

柱子始终用同一种溶剂洗脱，直至层析分离过程结束。如果被分离物质对固定相的亲和力差异不大，且其区带的洗脱时间间隔（或洗脱体积间隔）也不长，采用这种方法较为适宜。应特别说明的是，只有选择的溶剂合适，各组分才能实现分离。

2. 分步洗脱

这种洗脱方式用几种洗脱能力递增的洗脱液进行逐级洗脱。它主要适用于混合物组成简单、各组分性质差异较大或需快速分离的情况，每次用一种洗脱液将其中一种组分快速洗脱。

3. 梯度洗脱

当混合物中组分复杂且性质差异较小时，一般采用梯度洗脱。它的洗脱能力是逐步连续增加的，梯度可以是浓度梯度、极性梯度、离子强度梯度或 pH 梯度等。

洗脱条件的选择也是影响层析效果的重要因素。当对所分离的混合物的性质了解较少时，一般先采用线性梯度洗脱的方式去尝试，且梯度的斜率要小一些。尽管洗脱时间较长，但对性质相近的组分分离更为有利。与此同时，应注意洗脱时的速率：速率太快，各组分在固定相与流动相两相中平衡时间短，相互分不开，仍以混合组分流出；速率太慢，会增大物质的扩散，同样达不到理想的分离效果。只有通过多次实验，才能摸索出一个合适的流速。总之，我们必须经过反复的实验与调整，才能得到最佳的洗脱条件。另外，在整个洗脱过程中千万不能干柱，否则分离纯化将会前功尽弃。

(六)样品收集、鉴定及保存

在柱层析实验中，我们一般是采用部分收集器来收集分离纯化的样品。由于检测系统的分辨率有限，洗脱峰不一定能代表一个纯净的组分。因此，每管的收集量不能太多，一般每管为 1～5 mL，如果分离物质的性质很相近，可降低至每管 0.5 mL，视具体情况而定。在合并一个峰的各管溶液前，还要进行鉴定。例如，对一个蛋白峰的各管溶液，我们可用电泳法对各管进行鉴定：如果是单条带，认为已达电泳纯，就合并，否则另行处理。不同种类物质要采用不同的相对应的鉴定方法。为保持所得产品的稳定性与生物活性，我们一般采用透析除盐、超滤或减压薄膜浓缩等方法，再冷冻干燥，得到干粉，在低温下保存备用。

(七)基质(吸附剂、离子交换剂或凝胶等)的再生

由于许多基质可以反复使用，且价格昂贵，所以层析后要回收处理，以备再用，严禁乱倒、乱扔。各种基质的再生方法可参阅具体层析实验及有关文献。

第三章　酶学实验

实验一　唾液淀粉酶活性观察

【实验目的】

1. 掌握酶催化效率的高效性及专一性。
2. 了解环境因素对酶活性的影响。
3. 掌握酶定性分析的方法和注意事项。

【基本原理】

1. 酶是生物催化剂，具有极高的催化效率和专一性

在一定条件下，酶促化学反应进行的能力称为酶活性(酶活力)。一般而言，酶活性通过测定酶促化学反应的底物或产物的变化来进行观察。影响酶活性的因素是多方面的，如温度、pH及某些化学物质(如激活剂和抑制剂)等。这些因素的改变都会影响酶的催化活性，甚至使酶因变性而丧失活性。酶活性的异常会影响代谢，引起疾病，因此，认识酶的性质及影响酶催化活性的因素十分重要。

2. 酶的催化效率比一般催化剂高 $10^6 \sim 10^{13}$

在生物体内，过氧化氢酶能催化过氧化氢(H_2O_2)快速分解为 H_2O 和 O_2，避免 H_2O_2 在体内大量积累。铁粉也是过氧化氢分解反应的催化剂，但其催化效率仅为过氧化氢酶的 $1/10^{10}$。酶作用的专一性即酶的特异性，是指酶对它所作用的底物有严格的选择性。一种酶只能催化某一类或某一种物质起化学变化。

3. 酶的催化作用受温度的影响

在一定温度范围内，随着温度的升高，酶促反应速率增加，直至达到最大值。酶的本质是蛋白质，温度过高会导致酶失活，当反应速率达到最大值后，温度继续升高，酶促反应速率反而急剧下降，直至酶促反应完全停止。反应速率达到最大值时的温度称为酶作用的最适温度。

4. 酶的催化作用还受溶液 pH 的影响

通常，各种酶只有在一定的 pH 范围内才表现活力。酶活性达到最高时的 pH 称为该酶的最适 pH。当低于或高于最适 pH 时，酶活性均会降低或失去酶活性。唾液淀粉酶的最适 pH 为 6.8。

5. 酶活性常受某些物质的影响

有些物质能增加酶活性，这类物质被称为激活剂；有些物质能降低酶活性，这类物质被称为抑制剂。值得注意的是，激活剂和抑制剂不是绝对的。有些物质在低浓度时可作为某种酶的激活剂，而在高浓度时则为该酶的抑制剂。例如，0.9%的氯化钠是唾液淀粉酶激活剂，但当氯化钠达到 1/3 饱和度时，便会抑制唾液淀粉酶的活力。唾液淀粉酶只能水解淀粉，可切断淀粉链的 α-1,4-糖苷键。随着时间延长、水解程度的不同，其会生成各种糊精，甚至还有麦芽糖、少量葡萄糖等水解产物。这些产物与碘反应会产生不同的颜色（图 3-1）。根据显色的差异，判断化学反应速率的大小，进而确定酶活性的高低。本实验以唾液淀粉酶为材料，观察其催化作用的高效性和专一性以及环境因素对其活性的影响。

淀粉 $\xrightarrow{\text{淀粉酶}}$ 紫色糊精 $\longrightarrow$ 暗褐色糊精 $\xrightarrow{\text{淀粉酶}}$ 红色糊精 $\xrightarrow{\text{淀粉酶}}$ 麦芽糖 + 少量葡萄糖

加碘后：蓝色　　紫红色　　暗褐色　　红棕色　　黄色（碘本身颜色）

图 3-1　淀粉及其降解产物与碘结合的颜色变化

【试剂与器材】

1. 0.5%淀粉溶液

称取 0.5 g 可溶性淀粉，加少量蒸馏水调成糊状，然后缓慢倒入沸腾的 60 mL 蒸馏水中，搅动并煮沸 1 min；冷至室温后，加水至 100 mL，置冰箱存放。

2. 碘液

称取 2.0 g KI 溶于 5 mL 蒸馏水中，随后添加 1.2 g 碘，待碘溶解后，加蒸馏水至 200 mL，混合均匀后保存于棕色瓶中，使用前稀释 5 倍。

3. 质量体积分数为 0.5%的蔗糖溶液

称取蔗糖 0.5 g，溶于蒸馏水后定容至 100 mL。

4. 本尼迪克特试剂

将 A 液和 B 液混合即可得到本尼迪克特试剂。

(1)A 液　称取无水 $CuSO_4$ 17.4 g，溶于 100 mL 蒸馏水中，冷却后定容至 150 mL。

(2)B 液　称取柠檬酸钠 173 g、Na_2CO_3 100 g，添加蒸馏水 600 mL，加热溶解，冷却后定容至 850 mL。

5. 不同 pH 溶液

(1)A 液　0.2 mol/L Na_2HPO_4 溶液：称取 35.62 g $Na_2HPO_4 \cdot 12H_2O$，溶于蒸馏水后定容至 1 000 mL。

(2)B 液　0.1 mol/L 柠檬酸溶液：称取 21.01 g 一水柠檬酸，溶于蒸馏水后定容至 1 000 mL。

①pH 3.8 缓冲液：取 A 液 71.0 mL、B 液 129.00 mL 混合而成。

②pH 6.8 缓冲液：取 A 液 145.5 mL、B 液 54.5 mL 混合而成。

③pH 8.0 缓冲液：取 A 液 194.5 mL、B 液 5.5 mL 混合而成。

6. 质量体积分数为 1%的 $CuSO_4$ 溶液

称取无水 $CuSO_4$ 1.0 g，溶解后用蒸馏水稀释至 100 mL。

7. 其他试剂

质量体积分数为0.9%的 NaCl 溶液，2% H_2O_2 溶液，生马铃薯糜、熟马铃薯糜。

8. 器材

铁粉、玻璃匀浆器、比色板、恒温水浴箱、三用水箱和制冰机。

【操作步骤】

1. 唾液淀粉酶的制备

每人取一个干净的小烧杯（或一次性纸杯），先用自来水漱口，将口腔内的食物残渣清除干净；然后取约 20 mL 蒸馏水含入口中，做 1～2 min 咀嚼动作，以分泌较多的唾液，再将口腔中的蒸馏水吐入干净的小烧杯，即为稀释的唾液淀粉酶液。

2. 酶的高效性、专一性及环境因素对酶活性的影响

（1）酶的高效性

①取 4 支试管，编号，按表 3-1 操作。

表 3-1 酶的高效性

试剂	试管 1	试管 2	试管 3	试管 4
2% H_2O_2 溶液	3	3	3	3
生马铃薯糜	少许	—	—	—
熟马铃薯糜	—	少许	—	—
铁粉	—	—	少许	—

②上述各管摇匀，观察并解释各管现象。

（2）酶的专一性

①取 2 支试管，编号，按表 3-2 操作。

表 3-2 酶的专一性

试剂/mL	试管 1	试管 2
0.5%淀粉	2	—
0.5%蔗糖	—	2
稀释唾液	1	1

②上述各管混匀后，置于 37 ℃水浴中保温 10 min。

③取出试管，分别加入 2 mL 本尼迪克特试剂，混匀。

④将各管置于沸水浴中煮沸 2～5 min，观察并解释结果。

（3）pH 对酶活性的影响

①取 3 支试管，编号，按表 3-3 操作。

表 3-3 pH 对酶活力的影响

试剂/mL	试管 1	试管 2	试管 3
pH 3.8 的缓冲溶液	3	—	—
pH 6.8 的缓冲溶液	—	3	—

续表 3-3

试剂/mL	试管 1	试管 2	试管 3
pH 8.0 的缓冲溶液	—	—	3
0.5%淀粉溶液	1	1	1
唾液淀粉酶液	1	1	1

②将上述各管溶液混匀后，置于 37 ℃水浴中保温 5 min。

③每隔 1 min，从试管 2 中取出 1 滴溶液置于白瓷板上，用碘液检查淀粉水解程度，待溶液不再变色时，从水浴中取出所有试管。

④向各管均加入碘液 1～2 滴，摇匀，观察、记录并解释各管现象。

(4)温度对酶活性的影响

①取 3 支试管，编号，按表 3-4 操作。

表 3-4　温度对酶活力的影响

试剂	试管 1	试管 2	试管 3
淀粉酶液/mL	0.5	0.5	0.5
pH 6.8 的缓冲溶液/mL	1	1	1
0.5%淀粉溶液/mL	1	1	1
反应温度/℃	0	37	100
反应 10 min			

②取出试管 3，并将在沸水浴中处理的试管 3 用冷水冷却，然后向各管中滴加碘液 1～3 滴。摇匀后，观察、记录并解释各管现象。

(5)酶的激活剂和抑制剂对酶活性的影响

①取 3 支试管，编号，按表 3-5 操作。

表 3-5　酶的激活剂和抑制剂对酶活性的影响　　mL

试剂	试管 1	试管 2	试管 3
0.9%NaCl 溶液	1	—	—
1%$CuSO_4$ 溶液	—	1	—
蒸馏水	—	—	1
0.5%淀粉溶液	1	1	1
唾液淀粉酶液	1	1	1

②检查淀粉水解程度：将上述各管混匀，在 37 ℃水浴中保温，每隔 30 s 从试管 1 中取出 1 滴溶液置于白瓷板上，用碘液检查淀粉水解程度，待试管 1 的溶液遇碘不变色时，从水浴中取出所有试管。

③向各管均加入碘液 2 滴，观察、记录并解释各管现象。

【注意事项】

①在做 pH 对酶活性的影响实验项目时，为确保实验的效果，各试剂加完后，再加唾液淀粉酶液。

②在做各实验项目加唾液淀粉酶时，应从第一管开始依次进行，且前后管相隔的时间控制为 5～7 s。

③各管试剂加完后一定要充分混匀。在做酶的高效性实验项目时，马铃薯必须洗净去皮，然后制备成匀浆。

【思考题】

1.用实验结果说明酶的高效性和专一性。

2.在探究温度对酶活性的影响实验中，试管 3 取出后为什么必须冷却？如不冷却就加碘后，会出现什么现象？为什么？

3.依据实验结果，说明影响酶活性的因素。

4.在进行酶的实验时，必须控制哪些条件？为什么？

实验二　转氨酶活性测定

King 氏法

【实验目的】

1.掌握 King 氏法测定血清转氨酶活性的原理和方法。

2.了解测定血清转氨酶的临床意义。

【基本原理】

转氨基作用是指在转氨酶的催化下，某一氨基酸的 α-氨基转移到另一种 α-酮酸的酮基上，生成相应的氨基酸，而原来的氨基酸则转变成 α-酮酸的过程。体内大多数氨基酸可以参与转氨基作用。

体内存在着多种转氨酶，其中谷丙转氨酶(glutamic-pyruvic transaminase，GPT)和谷草转氨酶(glutamic-oxaloacetic transaminase，GOT)最为重要。GPT 又称丙氨酸转氨酶(alanine transaminase，ALT)，GOT 又称天冬氨酸转氨酶(aspartate aminotransferase，AST)。

GPT 和 GOT 催化生成的最终产物都是丙酮酸，其反应过程为：丙氨酸和 α-酮戊二酸在 GPT 的催化下生成丙酮酸和谷氨酸；天冬氨酸和 α-酮戊二酸在 GOT 的催化下生成草酰乙酸和谷氨酸，草酰乙酸继而在柠檬酸苯胺的作用下转变为丙酮酸和二氧化碳。通过测定单位时间内丙酮酸的产量，即可得知转氨酶活性。丙酮酸可与 2,4-二硝基苯肼反应，形成丙酮酸二硝基苯腙，在碱性溶液中显棕红色，颜色深浅与丙酮酸生成量成正比，也与 GPT 或 GOT 活性的高低成正比，因而可用分光光度法测定二硝基苯腙的含量，通过标准曲线查出或利用公式计算氨基转移酶活性。ALT 活性测定原理如图 3-2 所示。

正常时，上述转氨酶主要存在于细胞内，血清中的活性很低；在各组织器官中，以心和肝的活性最高。当某种原因使细胞膜通透性增高或细胞被破坏时，转氨酶可以大量释放入血，导致血清中的转氨酶活性明显升高。例如，急性肝炎患者血清中的 GPT 活性显著升高；心肌梗死患者血清中的 GOT 明显上升。临床上可以此作为疾病诊断和预后的指标之一。

King 氏法转氨酶活性单位：每毫升血清在 37 ℃、pH 7.4 的条件下与底物作用 60 min，生成 1 μmol 丙酮酸为 1 个单位。利用该法测定，可应用 GPT 测定试剂盒。

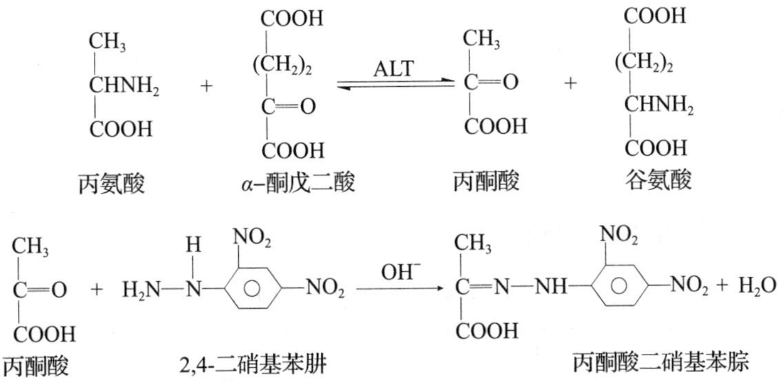

图 3-2 ALT 活性测定原理示意图

【试剂与器材】

1. 磷酸盐缓冲液(pH 7.4)

(1)甲液 1/15 mol/L 磷酸氢二钠溶液：称取磷酸氢二钠(Na_2HPO_4)9.47 g(或 $Na_2HPO_4 \cdot 12H_2O$ 23.88 g)溶于蒸馏水，定容至 1 000 mL。

(2)乙液 1/15 mol/L 磷酸二氢钾溶液：称取磷酸二氢钾($KH_2PO_4 \cdot 2H_2O$)9.078 g，溶于蒸馏水，定容至 1 000 mL。

取甲液约 808 mL、乙液约 192 mL，混合，测其 pH 为 7.4 即可使用(根据实际测定微调比例)。

2. GPT 底物液

称取 α-酮戊二酸 29.2 mg 及 α-*DL*-丙氨酸 1.78 g，溶于 50 mL pH 7.4 的磷酸盐缓冲液中，加 0.1 mol/L 的 NaOH 溶液 0.5 mL，校正 pH 至 7.4，再用 pH 7.4 的磷酸盐缓冲液定容至 100 mL，充分混合，置于冰箱中保存，可用 1 周。

3. GOT 底物液

称取 α-酮戊二酸 29.2 mg 及 α-*DL*-天冬氨酸 2.66 g，溶于 50 mL pH 7.4 的磷酸盐缓冲液中，加 0.1 mol/L 的 NaOH 溶液 0.5 mL，校正 pH 至 7.4，再以 pH 7.4 的磷酸盐缓冲液定容至 100 mL，充分混合，置于冰箱中保存，可用 1 周。

4. 2,4-二硝基苯肼溶液

称取 2,4-二硝基苯肼 20 mg，先溶于 10 mL 浓盐酸中(可加热助溶)，再以蒸馏水稀释至 100 mL(有沉渣可过滤)，置于棕色瓶内保存。

5. 丙酮酸标准溶液(2 μmol/mL 丙酮酸)

精确称取丙酮酸钠 22 mg，加 pH 7.4 的磷酸缓冲液溶解并定容至 100 mL。

6. 0.4 mol/L 氢氧化钠溶液

称取 2.00g 氢氧化钠，溶于 100 mL 蒸馏水中，置于塑料瓶中保存。

7. 柠檬酸苯胺溶液

取柠檬酸 50 g 溶于 50 mL 蒸馏水中，再加苯胺 50 mL 充分混合即可。若低温出现结晶，可置于 37 ℃水浴中，待溶解后应用。

8. 样品

鸡或兔的新鲜血清。

9. 器材

722 型或其他型号的分光光度计、恒温水浴箱、试管及试管架、移液枪和坐标纸。

【操作步骤】

1. 标准曲线制作

取 6 支试管，编号，按表 3-6 操作。

表 3-6　转氨酶标准曲线制作

试剂/mL	空白管	试管 1	试管 2	试管 3	试管 4	试管 5
2 μmol/mL 丙酮酸标准溶液	0	0.05	0.10	0.15	0.20	0.25
GPT(GOT)基质液	0.50	0.45	0.40	0.35	0.30	0.25
pH 7.4 磷酸缓冲液	0.10	0.10	0.10	0.10	0.10	0.10
混匀，置于 37 ℃水浴中保温 30 min						
各管均加入 2,4-二硝基苯肼溶液 0.5 mL，混匀，37 ℃水浴 20 min						
各管均加入 0.4 mol/L 氢氧化钠溶液 5.0 mL						
相当活性单位数/(U/100 mL)	0	100	200	300	400	500

混匀，静置 10 min 后，在 520 nm 波长处，以空白管调零点，读取各管吸光度值。以活性单位值为横坐标，吸光度值为纵坐标，在坐标纸上绘制标准曲线。

2. GPT(GOT)测定

取 3 支洁净的试管，按表 3-7 操作。

表 3-7　GPT(GOT)测定

试剂	空白	标准管	测定管
血清/mL	0.1	—	0.1
GPT(GOT)底物液/mL	—	0.5	0.5
2 μmol/mL 丙酮酸标准溶液/mL	—	0.1	—
混匀，置于 37 ℃水浴中准确保温 30 min			
GPT(GOT)底物液/mL	0.5	—	—
柠檬酸苯胺溶液/滴 (仅测 GOT 时加)	1	1	1
2,4-二硝基苯肼溶液/mL	0.5	0.5	0.5
混匀，置于 37 ℃水浴中放置 20 min，然后各管分别加入			
0.4 mol/L 氢氧化钠/mL	5.0	5.0	5.0

混匀，放置 5 min，在波长 520 nm 处测定，以空白调零点，读取标准管和测定管的吸光度值。

[注]：GPT 测定不加柠檬酸苯胺溶液，其他操作方法同 GOT 测定法。

【实验结果与计算】

实验结果记录如表 3-8 所列。

表 3-8　实验结果记录

吸光度值	标准曲线的制备(管号)					样品测定	
	1	2	3	4	5	标准管	测定管
$A_{520\text{ nm}}$							

①临床检验取血量为 0.1 mL,报告数据以 100 mL 血清计算,因此实际结果乘以 1 000 即可。如 0.1 mL 丙酮酸标准品(2 μmol/mL)中丙酮酸含量 0.2 μmol,即相当于 GPT 200 U/100 mL。

②根据测定管吸光度值查标准曲线,即可得知每 100 mL 血清中转氨酶活性单位数。

③若用标准管法测定,可用丙酮酸标准溶液 0.1 mL,按操作测定标准管吸光度,按下列公式计算得出结果。

$$\text{转氨酶活性(U/100 mL)}=\frac{\text{测定管吸光度}}{\text{标准管吸光度}}\times 200$$

【注意事项】

①转氨酶只作用于 *L*-型氨基酸,对 *D*-型氨基酸无催化能力,实验所用的是 *DL*-型的混旋氨基酸,若采用 *L*-型氨基酸则用量减半。

②标准曲线需每学期使用前重新绘制,以免试剂、操作条件等发生改变而引起误差。

③温度、时间及试剂的 pH 均可影响酶活性,因此操作中要准确掌握。

④每次测定样品不要太多,显色后,以在 30 min 内完成比色测定为宜。

⑤样品的酶活力单位为 20～500 U 是准确可靠的,如超过 500 U/100 mL,就需将样品用生理盐水稀释后重测。

⑥溶血样本不宜使用,血细胞中转氨酶活力较高会影响测定效果。

【思考题】

1. 进行转氨酶活性测定有何临床意义?
2. 转氨酶活性测定的原理如何?

实验三　琥珀酸脱氢酶的作用及竞争性抑制的观察

【实验目的】

1. 掌握琥珀酸脱氢酶的催化作用及其意义。
2. 掌握琥珀酸脱氢酶酶活性的检测原理及方法。

【基本原理】

影响酶活性的因素很多,其中研究酶的抑制作用具有重要的意义。酶的抑制剂是可使酶活性下降且不引起酶蛋白变性的物质。在酶的抑制作用中,竞争性抑制是酶可逆抑制的重要方式。研究酶的竞争性抑制的规律,对研究酶在体内的调节方式、药物开发以及科研和生产等酶的各种应用领域具有重要的意义。

琥珀酸脱氢酶(succinate dehydrogenase,SDH)(图 3-3)为呼吸链中复合体Ⅱ的组成成分,属于三羧酸循环中的关键酶,在呼吸作用较强的组织,如心肌、骨骼肌、肝脏等组织细胞中含量丰富。琥珀酸脱氢酶催化琥珀酸脱氢生成延胡索酸。在体内,琥珀酸脱氢酶脱下的氢可进入 $FADH_2$呼吸链,经一系列电子传递体传递后,最终交给氧并生成水;在体外缺氧的情况下,可选择适当的受氢体来显示琥珀酸脱氢酶的脱氢作用。如心肌中的琥珀酸脱氢酶可使琥珀酸脱氢。在隔绝氧的情况下,脱下的氢可将蓝色的亚甲蓝还原为无色的甲烯白,借助亚甲蓝颜色的变化能直接观察琥珀酸脱氢酶的作用。

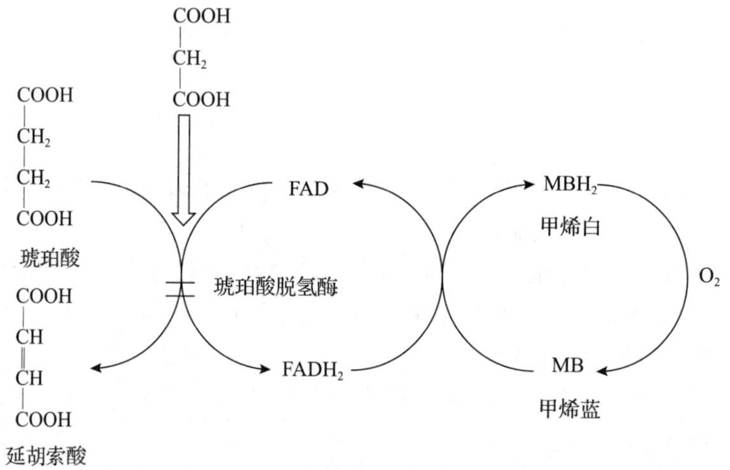

图 3-3　琥珀酸脱氢酶测定原理示意图

丙二酸的化学结构与琥珀酸相似,属于琥珀酸的类似物,能与琥珀酸竞争性地结合琥珀酸脱氢酶。若琥珀酸脱氢酶已与丙二酸结合,则不能再催化琥珀酸脱氢,这种现象称为竞争性抑制。若增加琥珀酸的浓度,则可减弱,甚至解除丙二酸的抑制作用。

【试剂与器材】

1. 样品

新鲜动物的心脏。

2. 1.5%琥珀酸钠溶液(0.093 mol/L)

称取琥珀酸钠 1.5 g,用蒸馏水溶解并稀释至 100 mL。如无琥珀酸钠,就可用琥珀酸钠配成 1.5%水溶液后,以 5 mol/L 氢氧化钠溶液调至 pH 为 7～8。

3. 1%丙二酸钠溶液(0.10 mol/L)

称取丙二酸钠 1 g,用蒸馏水溶解并稀释到 100 mL。

4. 0.02%亚甲蓝溶液

称取 0.02 g 亚甲蓝，加 100 mL 蒸馏水溶解。

5. 1/15 mol/L 的磷酸盐缓冲液

称取 $Na_2HPO_4 \cdot 2H_2O$ 11.8 g，用蒸馏水溶解并稀释到 1 000 mL。

6. 其他试剂

液体石蜡。

7. 器材

移液管、吸耳球、量筒、玻璃匀浆器（研钵）、剪刀、恒温水浴箱和离心机。

【操作步骤】

1. 琥珀酸脱氢酶液的提取

称取新鲜猪心 1.5～2.0 g 置于研钵中，充分剪碎，加入等体积石英砂及 1/15 mol/L Na_2HPO_4溶液 3～4 mL，研磨成匀浆，再加入 6～7 mL 1/15 mol/L Na_2HPO_4 溶液，离心取上清液备用。

2. 酶反应

取 4 支试管，编号，按表 3-9 加入溶液。

表 3-9　琥珀酸脱氢酶的催化反应　　mL

试剂	试管 1	试管 2	试管 3	试管 4
磷酸盐缓冲液	1.0	1.0	1.0	1.0
1.5%琥珀酸钠溶液	1.0	1.0	1.0	2.0
1%丙二酸钠溶液	—	—	1.0	1.0
蒸馏水	2.0	2.0	1.0	—
酶提取液	1.0	1.0（先煮沸）	1.0	1.0
0.02%亚甲蓝溶液	0.2	0.2	0.2	0.2

将各试管溶液混匀，随后缓慢加入一薄层液体石蜡（10～20 滴），隔绝空气中的氧气，避免被氧化；置于 37 ℃水浴中，观察并记录各管颜色变化的快慢、先后及程度，分析各管产生不同结果的原因，用力摇动试管 1，观察其变化。

【注意事项】

①研磨时，一定要充分研磨成匀浆，确保酶从细胞内释放。

②各管添加液体石蜡前，一定充分混匀，添加液体石蜡后，切勿摇动，维持隔氧环境。

③试管 2 加入的酶提取液应预先在沸水中煮 5 min 作为对照管。

【思考题】

1. 为何选用心脏提取琥珀酸脱氢酶？使用其他脏器是否可行？

2. 丙二酸抑制琥珀酸脱氢酶的作用原理是什么？

3. 在试管中加入液体石蜡的目的是什么？摇晃试管 1 后，有何变化？为什么会产生这样的变化？

4. 本实验室如何证明琥珀酸的脱氢反应由琥珀酸脱氢酶催化？

实验四　纸层析鉴定酶促转氨基作用

【实验目的】

1. 掌握氨基酸转氨基作用的原理和鉴定方法。
2. 了解掌握纸层析技术的原理和方法。

【基本原理】

转氨基作用是指氨基酸分子上的 α-氨基转移到另一个 α-酮酸分子上的反应，使原来的氨基酸变成相应的 α-酮酸，原来的 α-酮酸变成相应的氨基酸。转氨基作用广泛地存在于机体各组织器官中，是氨基酸代谢的重要反应之一，该反应由转氨酶催化。不同种类氨基转移酶活性有差异，其中肝脏内的丙氨酸氨基转移酶（alanine amino-transferase，ALT）活性较高，它的催化反应如图 3-4 所示。

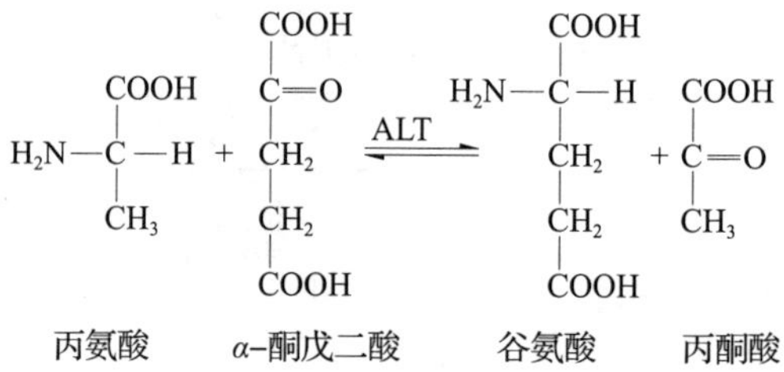

图 3-4　丙氨酸的转氨基反应

新生成的谷氨酸与未反应的丙氨酸可以借助纸层析实现分离。纸层析以滤纸作为支持物，运用分配层析原理达到分离的目的，即利用混合物中的各组分在两个互不相溶的溶剂中的分配系数不同来实现分离。所谓分配系数，即在一定温度、压力下，一种溶质在互不相容的两相溶液中溶解达到平衡时，该溶质在两相溶剂中浓度的比值。滤纸纤维与水亲和力强，而与有机溶剂的亲和力很弱。在混合物中，各种氨基酸在两个互不相溶的溶剂中的分配系数不同，因而有着不同的迁移率，会形成与原点距离不等的层析点。溶质在滤纸上的移动速率可用比移值（R_f）来表示，即各溶质层析的起点（原点）到层析后对应样品层析点中心的垂直距离，与原点到溶剂前沿的垂直距离的比值：

$$R_f=\frac{\text{原点到层析点中心的距离}}{\text{原点到溶剂前沿的距离}}$$

极性弱的氨基酸易溶于有机溶剂，即分配系数小，随流动相移动较快，R_f 值大；极性强的氨基酸则相反。本实验中的谷氨酸亲水力比丙氨酸强，因此在水中的分配比例大，而丙氨酸亲水性相对较弱，在酚中的分配比例大。

分离后的谷氨酸、丙氨酸可通过茚三酮反应生成蓝紫色物质来鉴定。茚三酮反应是检测 α-氨基酸最常用的方法。在弱酸性条件下，α-氨基酸被氧化分解生成醛，同时释放 NH_3 和

CO_2，茚三酮则变成还原型茚三酮。还原型茚三酮与 NH_3 及另一分子茚三酮进一步缩合生成蓝紫色化合物，但是脯氨酸、羟脯氨酸和茚三酮反应产生黄色物质，其反应过程如图 3-5 所示。

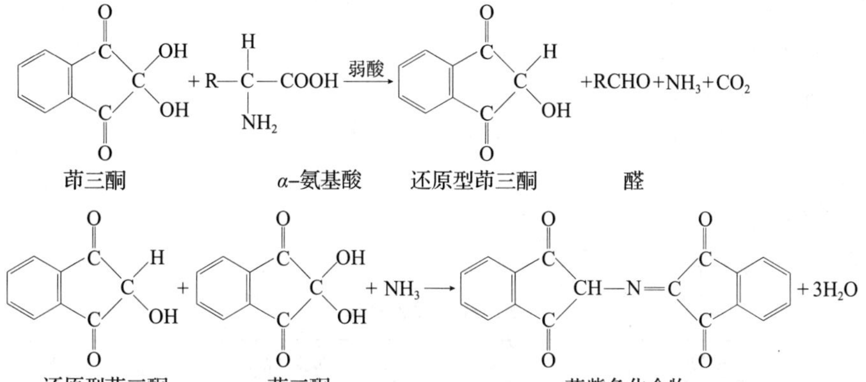

图 3-5 茚三酮与氨基酸的显色反应

【试剂与器材】

1. 样品

新鲜的动物肝组织或血清。

2. 磷酸盐缓冲液（0.01 mol/L，pH 7.4）

0.2 mol/L Na_2HPO_4 溶液 81 mL 与 0.2 mol/L NaH_2PO_4 溶液 19 mL 混匀，用蒸馏水稀释 20 倍。

3. 0.1 mol/L 丙氨酸标准溶液

称取丙氨酸 0.891 g，先溶于少量磷酸盐缓冲液中，以 1.0 mol/L NaOH 溶液调 pH 至 7.4 后，再添加磷酸盐缓冲液定容至 100 mL。

4. 0.1 mol/L 谷氨酸标准溶液

称取谷氨酸 1.47 g，先溶于少量磷酸盐缓冲液中，以 1.0 mol/L NaOH 溶液调 pH 至 7.4 后，再添加磷酸盐缓冲液定容至 100 mL。

5. 0.1 mol/L α-酮戊二酸溶液

称取 α-酮戊二酸 1.461 g，先溶于少量磷酸盐缓冲液中，以 1.0 mol/L NaOH 溶液调 pH 至 7.4 后，再添加磷酸盐缓冲液定容至 100 mL。

6. 0.5% 茚三酮溶液

称取茚三酮 0.5 g，于 100 mL 无水乙醇中溶解。

7. 展开剂

将酚、水按 4∶1 的体积比混匀备用，要临用现配。

8. 器材

匀浆器、离心机、离心管、10 mL 试管、层析滤纸、毛细玻璃管、培养皿、表面皿、沸水浴、37 ℃恒温水浴箱、吹风机、手术剪刀和铅笔等。

【操作步骤】

1. 样品组织匀浆液的制备

取新鲜动物肝脏 0.5 g，剪碎后放入匀浆器，添加预冷磷酸盐缓冲液 1.0 mL，迅速研磨成匀浆；再添加上述磷酸盐缓冲液 3.5 mL 混匀，继续研磨成匀浆，经 3 000 r/min 离心 5 min 或用纱布过滤，取上清液即为组织匀浆液。

若用血清作为样本，可取 0.5 mL 血清加入上述磷酸盐缓冲液 4.5 mL，混匀备用（含有氨基转移酶）。

2. 丙氨酸的生成

①取 2 支离心管，按表 3-10 操作。

表 3-10　操作步骤　mL

试剂	对照管	测定管
肝匀浆（或血清）	0.5	0.5
0.1 mol/L 谷氨酸标准溶液	0.5	0.5
0.1 mol/L α-酮戊二酸溶液	0.5	0.5
磷酸盐缓冲液	0.5	0.5

②对照管加入组织匀浆提取液混匀后，立即放入预先准备好的沸水中煮沸 1～2 min，破坏酶活性。

③将对照管和测定管用塞子塞紧后，置于 37 ℃水浴中，保温 0.5～1 h，并不时振摇内容物。

④温浴结束后，立即取出离心管，置于沸水浴中，加热 10 min，以终止反应；再以 2 000 r/min 离心 5 min，弃沉淀，取上清液备用。

3. 纸层析

①取一条(2～2.5)cm×15 cm 层析滤纸平置于干净的纸上，在纸条的一端，距纸端 2 cm 处用铅笔轻轻画一条横线；于横线上画两个相距 1 cm、直径约为 2 mm 的小圆圈，标注 1 号、2 号，并剪去滤纸两角，如图 3-6 所示。

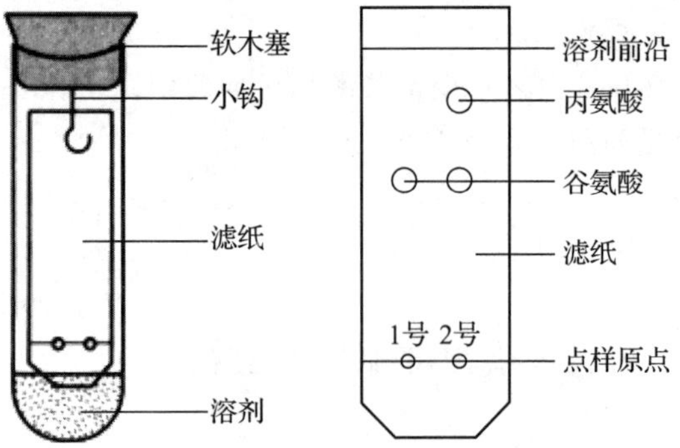

图 3-6　纸层析的层析装置(左)与层析结果(右)模式图

(引自 刘维全，2014)

②取 2 支毛细玻璃管，分别蘸取 2 支试管中的反应滤液，逐滴点在滤纸的 1 号、2 号小圆圈内。点样时，手要稳、轻，勿使溶液扩散到圈外。待点样干燥后，再次点样，如此重复 4～5 次。2 个圆圈内的点样量应尽量相同，点样后，等待干燥。

③取 1 支大试管，加入 2 mL 展开剂（加液时溶剂勿与试管壁接触），将试管置于管架上并垂直于桌面。将滤纸小心地垂直悬挂于试管中，滤纸下端浸入溶剂约 3 mm，并注意点有样品的小圈勿浸入溶剂、滤纸条也勿与管壁接触，最后塞上木塞。

④观察层析溶剂在滤纸上移动，当溶剂移动到距纸上端 1.5～2.0 cm 时（该过程需 1～1.5 h），小心地将滤纸条取出。

4. 茚三酮的显色及计算

①滤纸条取出后，用吹风机吹干，然后均匀地喷上一薄层 0.5 %茚三酮溶液，再用吹风机吹干，即可看到纸上显现三个色斑，每一个色斑代表一种氨基酸。

②用尺分别测量小圆圈（点样原点）中心至各色斑中心间的距离以及小圆圈中心至溶剂前沿的距离，分别计算每一种氨基酸的 R_f 值。

【注意事项】

①酶的失活要彻底，确保后续实验不受酶活性干扰。

②毛细管点样时，斑点扩散后的直径不超过 4 mm，点样宜少量多次，且待前次点样干燥后，方可再次点样。

③使用展开剂、显色剂时，勿用手直接操作，可戴上塑料手套。苯酚对皮肤腐蚀性很强，若溅到皮肤，应及时用 75%乙醇溶液擦洗。

④实验前，手应洗净，并尽量不要直接接触滤纸，防止手上的游离氨基酸沾染滤纸，进而影响实验结果。滤纸应放在干净的纸或玻璃板上，点样处最好用玻璃棒架空。

⑤染色前，滤纸一定要先吹干，避免湿润的层析溶剂影响染色效果。在所得色谱中，由于组织匀浆中含有少量游离氨基酸，其中包括丙氨酸，所以在对照液色谱上，除谷氨酸色斑外，还会呈现淡的丙氨酸斑点；在被检液色谱上，除丙氨酸外，也有淡的谷氨酸色斑。

【思考题】

1. 什么是转氨基作用？结合本实验结果说明。

2. 根据层析结果，分析本实验可观察到多少个色斑？各是什么？为什么？

第四章 糖类实验

实验一 血糖的测定

一、福林-吴法

【实验目的】

1. 掌握测定血糖含量的原理与方法。
2. 掌握离心机和分光光度计的使用方法。

【基本原理】

动物血液中的糖主要为葡萄糖。在正常情况下,动物血糖浓度相对恒定。健康家兔的血糖水平为 80～120 mg/100 mL。

葡萄糖属于多羟基的醛类,其半缩醛羟基具有还原性。当其与碱性铜试剂(这种试剂中含有的酒石酸二钠是络合剂,能与铜盐结合形成络合物并溶解)混合加热时,它的醛基会被氧化成羧基,而试剂中的高铜(Cu^{2+})被还原为红黄色的氧化亚铜(Cu_2O)而沉淀。氧化亚铜又可使磷(砷)钼酸还原生成钼蓝,使溶液呈蓝色,且蓝色深度与血滤液中葡萄糖浓度成正比。对无蛋白质血滤液与葡萄糖标准溶液同时进行光度测定,便可计算血中的葡萄糖含量。其反应式如图 4-1 所示。

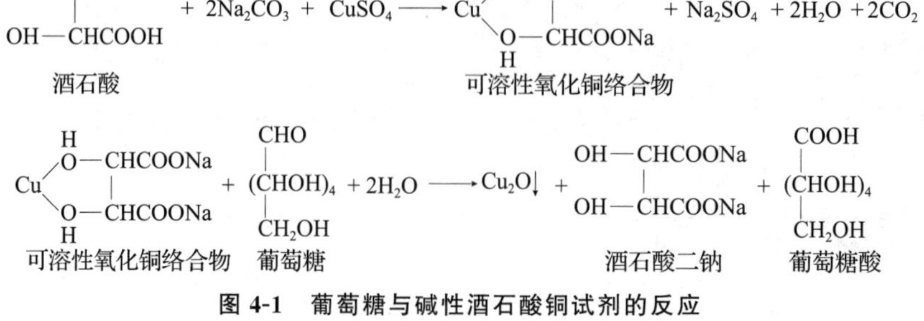

图 4-1 葡萄糖与碱性酒石酸铜试剂的反应

福林-吴法为测血糖的经典方法,是在特制的福林-吴血糖管(图 4-2)中进行,该血糖管在

4 mL 容量处管颈缩小成细管状，以减少煮沸时管内液体与空气的接触，避免产生的氧化亚铜再被氧化。该法的优点是稳定、准确，但其操作烦琐(如需制备无蛋白质血滤液等)，且会受血滤液内其他非糖还原性物质(占 10%～20%)影响，导致用该法测得的血糖含量比实际葡萄糖含量略高。

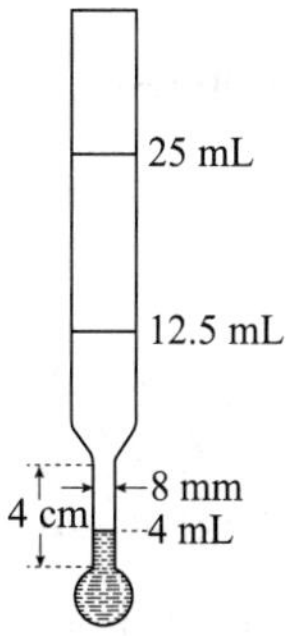

图 4-2　福林-吴血糖管

【试剂与器材】

1. 碱性铜试剂

在 400 mL 蒸馏水中加入无水碳酸钠 40 g；在 300 mL 蒸馏水中加入酒石酸 7.5 g；在 200 mL 蒸馏水中加入硫酸铜结晶($CuSO_4 \cdot 5H_2O$) 4.5 g。以上分别加热使其溶解，冷却后将酒石酸溶液倾入碳酸钠溶液内，混合移入 1 000 mL 容量瓶，再将硫酸铜溶液倾入并加蒸馏水至刻度。该试剂可在室温下长期保存，如放置数周后有沉淀产生，可用优质滤纸过滤后再使用。试剂中的各化学成分的变化为

$$Na_2CO_3 + 2H_2O \rightarrow H_2CO_3 + 2NaOH$$
$$CuSO_4 + 2NaOH \rightarrow Cu(OH)_2 + Na_2SO_4$$

2. 磷钼酸试剂

在烧杯内加入钼酸 70 g，钨酸钠 10 g，10%NaOH 溶液 400 mL 及蒸馏水 400 mL。混合后煮沸 20～40 min，以除去钼酸内可能存在的氨。冷却后加入浓磷酸 (85%) 250 mL，混合，最后用蒸馏水稀释至 1 000 mL。

3. 0.25%苯甲酸溶液

称取苯甲酸 2.5 g，放入 1 000 mL 蒸馏水中，煮沸使其溶解。冷却后补加至 1 000 mL，该试剂可长期保存。

4. 葡萄糖标准溶液

(1)贮存液(10 mg/mL)　将少量无水葡萄糖(化学纯)置于硫酸干燥器内过夜。精确称取该葡萄糖 1.00 g，用 0.25%苯甲酸溶液溶解并稀释至 100 mL，置于冰箱中可长期保存。

(2)应用液(0.1 mg/mL)　准确吸取上述贮存液 1.0 mL，置于 100 mL 容量瓶内，以苯甲酸溶液稀释至刻度。

5. 1∶4 磷钼酸稀释液

取磷钼酸试剂 1 份加蒸馏水 4 份，混匀即成。

6. 10%钨酸钠

称取钨酸钠($Na_2WO_4 \cdot 2H_2O$)10 g，用蒸馏水溶解并稀释至 100 mL。该溶液以 1%酚酞为指示剂测试，应为中性(无色)或微碱性(粉红色)，约可保存半年。

7. 1/3 mol/L H_2SO_4溶液

取蒸馏水 2 份加标定过的 1.0 mol/L 硫酸 1 份，混合后即可应用。

8. 器材

分光光度计、恒温水浴锅、移液器、血糖管、刻度吸量管、玻璃漏斗、锥形瓶和试管等。

【操作步骤】

1. 无蛋白质血滤液的制备

①取 1 只家兔(饥饿 16～25 h),从心脏或耳静脉采血,滴入含有抗凝剂的试管,随即摇动试管使血液与抗凝剂混匀。

②量取蒸馏水 7 份,加入锥形瓶或大试管。

③用吸量管吸取抗凝血 1 份,擦去管尖外周血液,插入蒸馏水底层,缓缓将血液加于水层之下,吸取上清水洗涤吸量管数次,直至血液全部洗净,充分混合,使血细胞完全溶解。

④加入 1/3 mol/L 硫酸溶液 1 份,随加随摇。

⑤加入 10%钨酸钠溶液 1 份,随加随摇。

⑥放置约 5 min 后,如振摇不再发生泡沫,说明蛋白质完全变性沉淀,经 2 500 r/min 离心 10 min 或用优质不含氮的滤纸过滤除去沉淀,即得稀释 10 倍且完全澄清无色的无蛋白质滤液。

2. 反应实验

取 4 支血糖管,按表 4-1 进行操作。

表 4-1　葡萄糖的还原性反应　　mL

试剂	空白	标准	样品 1	样品 2
无蛋白质血滤液	—	—	1.0	1.0
蒸馏水	2.0	1.0	1.0	1.0
葡萄糖标准应用液	—	1.0	—	—
碱性铜试剂	2.0	2.0	2.0	2.0
混合,置沸水中煮 8 min,于流动冷水内冷却 3 min(勿摇动)				
磷钼酸试剂	2.0	2.0	2.0	2.0
混匀,放置 2 min(使气体逸出)				
1∶4 磷钼酸液加至	25	25	25	25
混合后,立即用空白液调至零点,在 620 nm 波长处测定并读取各试管光密度值				

【计算】

$$葡萄糖含量(mg/mL)=\frac{测定管吸光度}{标准管吸光度}\times葡萄糖标准浓度(0.1\ mg/mL)\times血液稀释倍数(10\ 倍)$$

【注意事项】

①一定要等水沸后,再放入血糖管,加热时间必须准确,否则会影响实验结果的准确性。

②加入磷钼酸试剂后,显色不稳定,应迅速进行比色。

【思考题】

1. 该法测定葡萄糖的原理是什么?

2. 在实验中,如果测定管颜色明显深于或浅于标准管颜色,应做怎样的处理?

二、葡萄糖氧化酶法

【实验目的】

掌握葡萄糖氧化酶法测定血糖的原理与方法。

【基本原理】

葡萄糖可经葡萄糖氧化酶氧化成葡萄糖酸和过氧化氢。生成的过氧化氢在过氧化物酶催化下，能与邻联茴香胺发生反应，生成黄色化合物。当酶和其他底物足量时，黄色化合物的生成量与葡萄糖含量成正比。葡萄糖氧化酶和过氧化物酶分别催化的显色反应如图 4-3 所示。

$$C_6H_{12}O_6 + O_2 + H_2O \xrightarrow{\text{葡萄糖氧化酶}} C_5H_{11}O_5COOH + H_2O_2$$

邻联茴香胺　　　　醌亚胺（黄色化合物）

图 4-3　葡萄糖氧化显色反应

醌亚胺在 480～550 nm 的波长中具有最大吸收率，且所生成颜色的深浅与葡萄糖的含量成正比。在同样条件下，测定葡萄糖标准溶液和样品的吸光度，代入公式即可求出样品中葡萄糖的含量。

葡萄糖氧化酶法特异性高、血用量少和操作简便。近年来，在大多数临床实验室中，葡萄糖氧化酶法逐步取代其他方法。该法已被用于自动仪器分析(如生化自动分析仪)。

【试剂与器材】

1. 葡萄糖贮存标准溶液(10 mg/mL)

其方法见福林-吴法。

2. 葡萄糖应用标准溶液(1.0 mg/mL)

准确吸取葡萄糖贮存标准溶液 1.0 mL，置于 100 mL 容量瓶中，以 0.25%苯甲酸溶液稀释至 100 mL 刻度。

3. pH 7.0 磷酸盐甘油缓冲液

称取无水磷酸氢二钠 3.48 g 及磷酸二氢钾 2.12 g，溶于 600 mL 蒸馏水中，再添加 400 mL 甘油，混合均匀后，用 pH 计验证 pH。

4. 葡萄糖氧化酶试剂

称取葡萄糖氧化酶 125 mg 及过氧化物酶 5 mg，溶于 100 mL 磷酸盐甘油缓冲液中。另称取邻联茴香胺 10 mg，溶于蒸馏水 1 mL 中。然后将这两种溶液混合，贮存于棕色瓶中，放入冰箱保存，1 个月内性质稳定 。

5. 其他试剂

3 mol/L 硫酸、0.15 mol/L $Ba(OH)_2$、质量体积分数为 5%的 $ZnSO_4$。

6. 抗凝血。

7. 器材

分光光度计、恒温水浴锅、离心机、移液器和试管。

【操作步骤】

1. 无蛋白质血滤液的制备

取 1 支大试管，添加 7.0 mL 蒸馏水、0.15 mol/L $Ba(OH)_2$溶液 1.0 mL 和抗凝血 1.0 mL，摇匀，放置 2 min；再加入 5%$ZnSO_4$溶液 1.0 mL，摇匀，静置 5 min 后，进行离心或过滤，即可得 1∶10 无蛋白质血滤液。

2. 空白滤液及标准葡萄糖滤液的制备

分别用蒸馏水及葡萄糖应用标准溶液按上述方法制备 1∶10 的空白滤液及标准葡萄糖滤液。

3. 反应实验

取 3 支试管，按表 4-2 进行操作。

表 4-2 葡萄糖氧化酶的催化作用 mL

试剂	空白管	标准管	测定管
无蛋白质血滤液	—	—	0.1
蒸馏水空白滤液	0.1	—	—
标准葡萄糖滤液	—	0.1	—
葡萄糖氧化酶试剂	1.0	1.0	1.0
混匀，立即置于 37 ℃水浴中，保温 30 min			
3 mol/L 硫酸	5.0	5.0	5.0

4. 测定

将各管分别混匀，冷却至室温，在 5 min 至 1 h 内，以空白管校正光密度到“0”点，在 540 nm 波长处比色。

【计算】

$$葡萄糖含量(mg/mL)=\frac{测定管吸光度}{标准管吸光度}\times 葡萄糖标准溶液浓度(0.1\ mg/mL)\times 血液稀释倍数(10倍)$$

【注意事项】

①该法对葡萄糖具有专一性，不受其他糖及还原物质的干扰。

②某些葡萄糖氧化酶制剂可能含有过氧化氢酶杂质，会使反应中产生的过氧化氢分解，导致显色降低，因此应选用优质酶制剂。

【思考题】

1. 制备样品时应注意什么？

2. 测定动物血糖的意义是什么？

实验二 肝糖原的提取和鉴定

【实验目的】

1. 了解糖原的结构、性质及其在动物体内的作用。
2. 掌握肝糖原的提取和鉴定的原理与方法。

【基本原理】

肝糖原是糖在体内重要的贮存形式之一。虽贮存量不多，但在代谢过程中，它是体内糖的重要来源，肝糖原的合成与分解对血糖浓度的调节起着重要作用。

糖原(glycogen)又称为动物淀粉，是由 α-D-葡萄糖聚合而成的一种高分子化合物(相对分子质量约为 4×10^6)，微溶于水，无还原性，与碘作用生成红棕色。提取肝糖原时，使用三氯乙酸破坏肝组织中的酶，且肝组织中的蛋白质会被三氯乙酸沉淀，而糖原仍留在溶液中，经离心或过滤除去沉淀，滤液中的肝糖原可借加入的乙醇沉淀，将沉淀的糖原溶于水，即可得到糖原溶液。

在酸性条件下，糖原能够水解生成葡萄糖，葡萄糖具有还原性；在弱碱条件下，糖原可使本尼迪克特试剂中的 Cu^{2+} 还原生成红色的 Cu_2O，而其本身的醛基则被氧化为羰基。利用糖原遇碘的呈色反应和葡萄糖的还原性，可判定组织中糖原是否存在。

【试剂与器材】

1. 样品

饱食的鸡、兔、小白鼠等动物新鲜肝组织。

2. 碘液

取碘 1 g、碘化钾 2 g，溶于 500 mL 蒸馏水中。

3. 本尼迪克特试剂

将硫酸铜 17.3 g 溶于 100 mL 温蒸馏水中，取柠檬酸钠 173 g 和无水碳酸钠 100 g 溶于 700 mL 温蒸馏水中，待冷却后，将硫酸铜溶液缓缓倒入柠檬酸钠和碳酸钠混合液中，并不断搅拌，最后用蒸馏水稀释至 1 000 mL。

4. 其他试剂

10%三氯乙酸溶液、5%三氯乙酸溶液、95%乙醇、浓盐酸和 20%NaOH 溶液。

5. 器材

天平、离心机、恒温水浴锅、研钵、石英砂、白瓷板、移液管、刻度离心管、玻璃棒和广泛 pH 试纸。

【操作步骤】

1.肝糖原的提取

(1)肝匀浆的制备　称取新鲜动物肝组织约 1 g 置于研钵中,添加洗净的石英砂少许及 10%三氯乙酸 1 mL,研磨至乳状后再加 5%三氯乙酸溶液 2 mL,继续研磨,直至肝组织已被充分磨成肉末状。

(2)提取糖原　将制备好的肝匀浆经 2 500 r/min 离心 10 min,然后将上清液转入另一个离心管并量取体积,加入同体积的 95%乙醇溶液,混匀后,静置 10 min,此时糖原呈絮状沉淀析出。将沉淀溶液经 2 500 r/min 离心 10 min,弃上清液,并将离心管倒置于滤纸上 1~2 min,向沉淀中添加蒸馏水 1 mL,用细玻璃棒搅拌至溶解,即成糖原溶液。

2.肝糖原的鉴定

(1)与碘的呈色反应　在白瓷板的两个凹槽内分别滴加 2 滴糖原溶液和蒸馏水,然后各加碘液 1 滴,混匀,比较两凹槽内溶液颜色。

(2)糖原水解液中葡萄糖的鉴定　在剩余的糖原溶液中,加浓盐酸 3 滴,摇匀后,放在沸水浴中加热 10 min,取出冷却,然后以 20%NaOH 溶液中和至中性(用 pH 试纸测试)。往上述溶液中添加本尼迪克特试剂 2 mL,再置于沸水浴中加热 5 min,取出冷却,观察沉淀的生成情况。

【注意事项】

①实验动物在实验前必须饱食,因为空腹时肝糖原易分解而使其含量减少。

②肝离体后,肝糖原会迅速分解,在对实验动物进行处理后,所得肝必须迅速用三氯乙酸溶液处理,因为三氯乙酸能使糖原分解的相关酶失活。

③用 20%氢氧化钠溶液中和糖原水解液至中性的过程中,添加 NaOH 溶液时一定要滴加、摇匀,并随时用 pH 试纸检测,以防止所加的 NaOH 溶液过量,导致 pH 过大,从而影响实验结果。

【思考题】

1.在实验过程中,加入三氯乙酸有什么作用?

2.如果实验结果未提取到糖原,请分析可能的原因。

3.如何解释糖原水解液与本尼迪克特试剂反应生成沉淀?

实验三　糖酵解中间产物的鉴定

【实验目的】

1.加深对糖酵解过程的认识。

2.掌握利用酶抑制剂研究糖酵解中间产物的原理与方法。

【基本原理】

代谢是由一系列酶催化的多步骤反应。在代谢正常进行时，中间产物的浓度往往很低，不易分析鉴定。若加入某种酶的专一性抑制剂，使其中间产物累积，则便于分析鉴定。

3-磷酸甘油醛是糖酵解(图 4-4)的中间产物，利用碘乙酸对 3-磷酸甘油醛脱氢酶的抑制作用，可使 3-磷酸甘油醛不再转化而大量积累，同时加入硫酸肼作为稳定剂，使积累的 3-磷酸甘油醛不自发分解，然后用羰基试剂 2,4-二硝基苯肼与 3-磷酸甘油醛在偏碱性条件下反应，生成 3-磷酸甘油醛-2，4-二硝基苯腙，再加过量的氢氧化钠即形成棕色复合物，其棕色深度与 3-磷酸甘油醛含量成正比，其反应过程如图 4-5 所示。

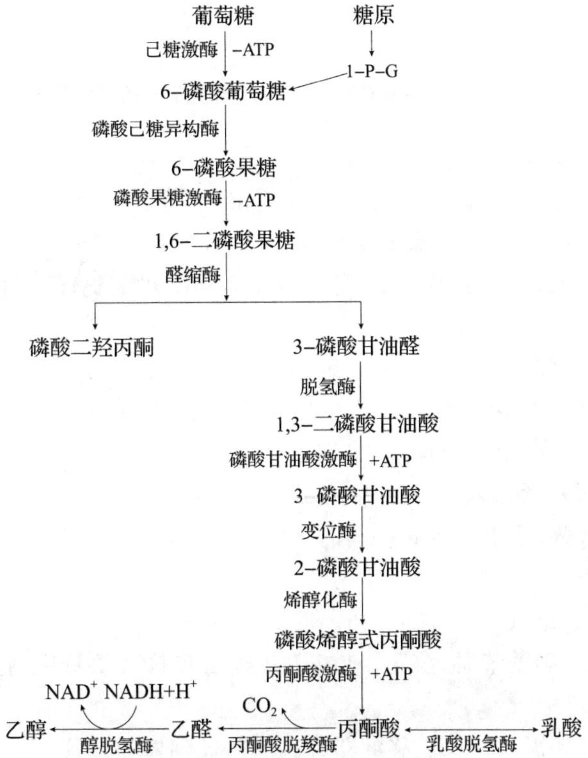

图 4-4 糖酵解途径汇总

在实验中，三氯乙酸的作用是使蛋白质、酶变性。实验材料酵母菌在有氧和无氧的条件下都可以进行呼吸作用。两种呼吸方式均能通过糖酵解途径分解葡萄糖产生丙酮酸，并最终释放能量和产生 CO_2 气体。

在有氧条件下：$C_6H_{12}O_6+6H_2O+6O_2 \rightarrow 6CO_2+12H_2O+38ATP$。

在无氧条件下：$C_6H_{12}O_6 \rightarrow 2C_2H_5OH+2CO_2+2ATP$。

【试剂与器材】

1. 样品

干酵母粉。

图 4-5 3-磷酸甘油醛与 2,4-二硝基苯肼的显色反应

2. 质量体积分数为 5%的葡萄糖溶液

称取 5 g 葡萄糖,溶于蒸馏水中,定容至 100 mL。

3. 质量体积分数为 10%的三氯乙酸溶液

称取 10 g 三氯乙酸,溶于蒸馏水中,定容至 100 mL,可加热促进溶解。

4. 0.002 mol/L 碘乙酸溶液

称取 0.372 g 碘乙酸,溶于蒸馏水中,定容至 1 000 mL。

5. 0.75 mol/L 氢氧化钠溶液

称取氢氧化钠 3.00 g,溶于蒸馏水中,定容至 100 mL。

6. 0.56 mol/L 硫酸肼溶液

称取 7.28 g 硫酸肼,溶于 100 mL 蒸馏水中,此时不易全部溶解。当加入 NaOH 使 pH 达 7.4 时,则完全溶解。

7. 2,4-二硝基苯肼溶液

称取 0.1 g 2,4-二硝基苯肼,溶于 100 mL 2 mol/L HCl 溶液中,存储于棕色瓶中,备用。

8. 器材

电子天平、恒温水浴锅、离心机、移液器、离心管、玻璃棒和试管。

【操作步骤】

1. 加入实验试剂

取 3 支 15 mL 离心管,编号,分别加入干酵母粉 0.2 g,再按表 4-3 加入实验试剂。加完试剂后,在每支离心管中插入 1 支玻璃棒,搅匀,玻璃棒留在离心管中。

表 4-3 各离心管加样量 mL

试剂	离心管 1	离心管 2	离心管 3
10%三氯乙酸	1.0	0	0
0.002 mol/L 碘乙酸	0.5	0.5	0
0.56 mol/L 硫酸肼	0.5	0.5	0
5%葡萄糖	5.0	5.0	5.0

2. 保温和观察气泡

将上述 3 支离心管(连同玻璃棒)置于 37 ℃水浴锅中的试管架上,保温 30～45 min。观察各离心管生成的气泡量有何差异并分析原因。

3. 补加试剂

如表 4-4 所列,在离心管 2 和离心管 3 中补加试剂。加完试剂后,用离心管中的玻璃棒搅匀,取出玻璃棒,静置 10 min。

表 4-4　各离心管中补加试剂　　mL

试剂	离心管 1	离心管 2	离心管 3
10%三氯乙酸	0	1	1
0.002 mol/L 碘乙酸	0	0	0.5
0.56 mol/L 硫酸肼	0	0	0.5

4. 离心(或过滤)

将上述 3 支离心管中的反应液分别经 4 000 r/min 离心 5 min 或过滤,然后留下上清液备用。

5. 显色和观察结果

取 3 支离心管,分别加入上述相对的上清液 0.5 mL,再按表 4-5 加入试剂并进行相应的操作。观察各离心管颜色深浅有何差异并分析原因。

表 4-5　显色观察加样　　mL

试剂	离心管 1	离心管 2	离心管 3
上清液(或滤液)	0.5	0.5	0.5
0.75 mol/L 氢氧化钠	0.5	0.5	0.5
各管混匀,室温放置 2 min			
2,4-二硝基苯肼	0.5	0.5	0.5
各管混匀,室温放置 5 min			
0.75 mol/L 氢氧化钠	3.5	3.5	3.5
记录各管颜色深浅			

【注意事项】

①本实验虽为定性鉴定,但在称重和量取体积时仍要求相对准确。

②实验材料来源不同,需要摸索适宜的保温时间。若室温低导致显色较浅,可将试管置于 30～37 ℃水浴中保温;但保温时间太长可能会使显色较深,各离心管的颜色差异不明显。

【思考题】

①在实验中,添加的葡萄糖、干酵母、三氯乙酸、碘乙酸和硫酸肼分别起什么作用?

②实验鉴定的是哪种中间产物?在实验中,产生的气泡是什么气体?如何产生?

第五章 脂类实验

实验一 血清总脂含量测定

香草醛法

【实验目的】

1. 掌握香草醛法测定总脂的原理与方法。
2. 了解正常动物血清中总脂的含量。

【基本原理】

血清总脂是血清中各种脂质组分的总称，其中最主要的是总胆固醇和甘油三酯。当血清总脂与浓硫酸共热时，血清中的脂类(尤其是不饱和脂类)经水解生成碳正离子。香草醛显色剂中的香草醛(3-甲氧基-4-羟基苯甲醛)与浓磷酸的羟基发生反应，生成芳香族磷酸酯。这一反应改变了香草醛分子中的电子分配，使醛基变成活泼羰基。该羰基可与碳正离子发生反应，生成红色的醌类化合物，其生成量(颜色强度)与碳正离子成正比。其显色反应过程如图 5-1 所示。

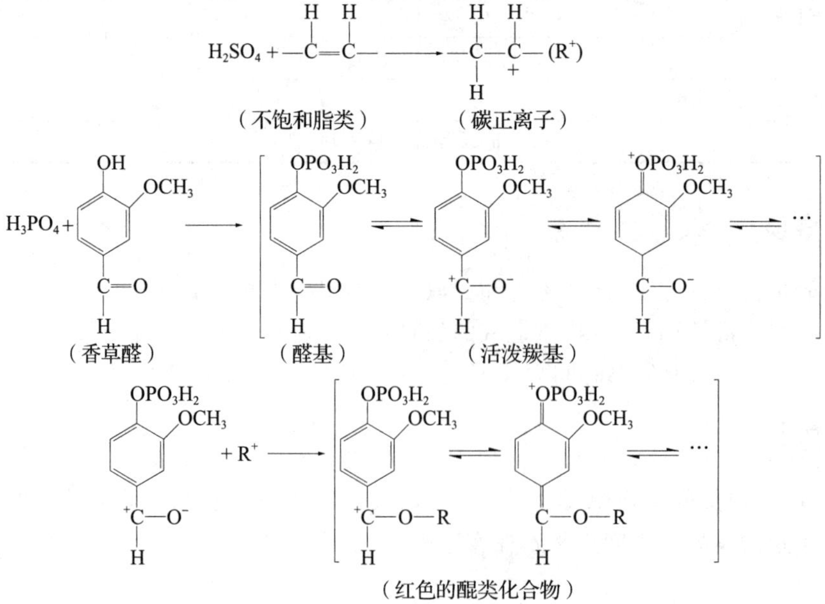

图 5-1 香草醛法显色反应

需要注意的是，在该显色反应中，不饱和脂类的显色强度高于饱和脂类。血清中饱和脂类与不饱和脂类的比例约为 3∶7，这种比例导致实验误差较大，因此若要精确测定血清中标准总脂的含量，最好选用称量法（即对脂类物质进行抽提后精确称量）。不过，本实验中采用胆固醇作为标准品进行测定，其结果比较接近实际情况，而且方法简易，目前也多用该法测定血清总脂。

【试剂与器材】

1. 胆固醇标准溶液（6 mg/mL）

精准称取纯胆固醇 600 mg，溶于无水乙醇中，定容至 100 mL。

2. 香草醛显色剂

0.6%的香草醛水溶液 200 mL，添加浓磷酸（分析纯，85%以上）800 mL，贮存于棕色瓶，可保存 6 个月。

3. 其他试剂

浓硫酸（分析纯，95%以上）。

4. 样品

未稀释的动物血清。

5. 器材

恒温水浴锅、可见光分光光度计、移液枪和试管。

【操作步骤】

取 4 支试管，按表 5-1 操作。

表 5-1　操作步骤　　mL

试剂	空白管	标准管	测定管 1	测定管 2
血清	—	—	0.02	0.02
胆固醇标准溶液	—	0.02	—	—
浓硫酸	1.0	1.0	1.0	1.0
充分混合，用锡纸封口，放置沸水浴 10 min，使脂类水解，冷水冷却。				
香草醛显色剂	4.0	4.0	4.0	4.0
充分混匀，放置 20 min（或者 37 ℃保温 15 min）后，以空白管调零，测各管 $A_{525\ nm}$				

【计算】

$$血清总脂含量(mg/mL)=\frac{测定管吸光度}{标准管吸光度}\times 胆固醇标准溶液浓度(6\ mg/mL)$$

若血清经过稀释，最终结果再乘以稀释倍数即可。

【注意事项】

①注意浓酸的使用和安全。浓磷酸和浓硫酸黏稠度大，取量时吸量管内的试剂要尽量慢放，避免因放得过快，试剂过多黏附于管壁而造成误差。浓硫酸应遵循先添加水溶液，再添加

浓硫酸的添加顺序，防止溶液因吸热而爆沸。

②当血清中的脂类含量过多时，可用生理盐水稀释后，再进行测定，并将计算结果乘以稀释倍数。

③用玻璃棒搅拌时，应从下往上搅拌，防止捅破试管底部。

④实验应全程戴手套操作，待测液装入高度为比色皿的 2/3，严禁装满。

⑤浓酸溶液大量稀释后，才可倒入下水道。

【思考题】

1. 何谓总脂含量？测定总脂含量有何意义？
2. 如果用香草醛法分别测定蛋黄和蛋清的总脂含量，在测定前实验材料应怎样处理？
3. 用香草醛法测定血清总脂含量的结果与实际相比是否有偏差？为什么？

实验二　酮体的生成与测定

【实验目的】

1. 验证肝脏生酮能力（生成酮体是肝脏特有的能力）。
2. 掌握滴定法测定酮体的原理与方法。

【基本原理】

酮体包括乙酰乙酸、β-羟丁酸和丙酮三种物质，是脂肪酸在肝脏中分解代谢的正常中间产物，也是肝输出能源的一种形式。酮体在肝脏中生成后需转运至肝外组织才能被机体利用，是肌肉，尤其是脑组织的重要能源。在正常情况下，动物体内酮体含量甚微；在饥饿、高脂低糖膳食及糖尿病状态时，脂肪酸动员增强，酮体生成量超过肝外组织的利用能力，会使血液中酮体水平升高，进而引发酮症酸中毒。

在肝脏中，乙酰 CoA 是酮体生成的原料。本实验以正丁酸为底物，将其与新鲜肝组织匀浆共同保温。利用肝组织中参与脂质 β-氧化和酮体合成的全套酶系，先催化正丁酸氧化为乙酰 CoA，再以乙酰 CoA 为原料缩合生成乙酰乙酸。乙酰乙酸还原生成 β-羟丁酸，再通过脱羧反应生成丙酮。之后，使用三氯乙酸处理温育后的肝匀浆，使其中的蛋白质、酶变性，再过滤或离心去除沉淀，进而测定酮体生成量（主要测定丙酮）。

在碱性溶液中，碘可将丙酮氧化为碘仿（CHI_3）。接着用盐酸中和溶液至中性或微酸性，再用硫代硫酸钠（$Na_2S_2O_3$）滴定反应中剩余的碘。根据滴定样品与滴定对照所消耗硫代硫酸钠溶液的体积差，可以计算由丁酸氧化生成丙酮的量。相关的反应式如下：

$$CH_3COCH_3 + 4\ NaOH + 3\ I_2 \rightarrow CHI_3 + CH_3COONa + 3\ NaI + 3\ H_2O$$

$$I_2 + 2\ Na_2S_2O_3 \rightleftharpoons Na_2S_4O_6 + 2\ NaI$$

最终通过求出以丙酮为代表的酮体含量，反映肝脏的生酮能力。

【试剂与器材】

1. 样品

新鲜的动物肝脏。

2. 质量体积分数为10%的氢氧化钠溶液

称取10 g氢氧化钠，用蒸馏水溶解后，定容至100 mL。

3. 0.1 mol/L碘溶液：

称取12.690 g碘和约25 g碘化钾(KI)，放置于研钵中；加入少量蒸馏水，将之研磨至溶解；用蒸馏水定容至1 000 mL，置于棕色瓶中保存；用标准硫代硫酸钠溶液标定其浓度。

4. 0.5 mol/L正丁酸

称取5 mL正丁酸，用0.5 mol/L氢氧化钠溶液中和至pH 7.6，再稀释至100 mL。

5. 0.1 mol/L碘酸钾(KIO_3)溶液

准确称取KIO_3 21.402 g，用蒸馏水溶解，并定容至1 000 mL。

6. 0.1 mol/L硫代硫酸钠($Na_2S_2O_3$)溶液

称取无水硫代硫酸钠15.811 g，溶解于适量煮沸的蒸馏水中，继续煮沸5 min；冷却后，用煮沸并冷却的蒸馏水定容至1 000 mL；用0.1 mol/L碘酸钾溶液标定其浓度。

7. 体积分数为10%的盐酸溶液

称取10 mL盐酸，用蒸馏水稀释至100 mL。

8. 质量体积分数为0.1%的淀粉溶液

称取0.1g可溶性淀粉，置于研钵中；加入少量冷蒸馏水，将淀粉调成糊状，再慢慢倒入煮沸的90 mL蒸馏水，搅匀后，再用蒸馏水定容至100 mL。

9. 生理盐水

质量体积分数为0.9%的氯化钠溶液。

10. 1/15 mol/L磷酸缓冲液(pH 7.7)。

①A液。1/15 mol/L Na_2HPO_4溶液：称取$Na_2HPO_4 \cdot 2H_2O$ 11.87 g，用蒸馏水溶解并定容至1 000 mL。

②B液。1/15 mol/L KH_2PO_4溶液：称取KH_2PO_4 9.078 g，用蒸馏水溶解并定容至1 000 mL。

③取A液900 mL、B液100 mL，混合，即可。

11. 体积分数为20%的三氯乙酸溶液

称取三氯乙酸20 g，用蒸馏水溶解并定容至100 mL。

12. 12 mol/L H_2SO_4溶液

往烧杯中添加20 mL蒸馏水，量取66 mL浓硫酸(98%)沿烧杯壁缓慢加入，用玻璃棒混匀；晾凉后，转移至100 mL容量瓶中；用少量蒸馏水洗涤烧杯和量筒，洗涤液并入容量瓶，再定容至100 mL。

13. 器材

匀浆器(或匀浆机)、碘量瓶、微量滴定管、移液器、离心机、分光光度计和恒温水浴锅。

【操作步骤】

1. 硫代硫酸钠溶液的标定

称取 0.1 mol/L 碘酸钾溶液 20 mL，置于锥形瓶内，添加碘化钾 1 g 及 12 mol/L H_2SO_4 溶液 5 mL 摇匀；然后用 0.1 mol/L 硫代硫酸钠溶液将之滴定至浅黄色，再添加 3 滴 0.1% 淀粉溶液作指示剂，继续滴定，直至蓝色消褪，记录消耗硫代硫酸钠溶液的体积为 V_1。

另设空白对照，其中仅以蒸馏水代替碘酸钾溶液，其余操作相同，记录消耗硫代硫酸钠溶液的体积为 V_2。计算硫代硫酸钠溶液的浓度所依据的反应式如下：

$$5\ KI + KIO_3 + 6\ HCl = 3\ I_2 + 6\ KCl + 3\ H_2O$$

$$I_2 + 2\ Na_2S_2O_3 = Na_2S_4O_6 + 2\ NaI$$

因此，$c(Na_2S_2O_3) = 6 \times c(KIO_3) \times V(KIO_3)/(V_1 - V_2)$。

2. 肝匀浆的制备

①将实验动物（如鸡、家兔、大鼠或豚鼠等）进行放血处理，取出肝脏。

②用生理盐水洗去肝脏上的污血，然后用滤纸吸去表面的水分。称取肝 5 g，置于玻璃皿上剪碎，倒入匀浆器，添加 3 mL 生理盐水，研磨成匀浆，补加生理盐水至总体积为 10 mL。

3. 酮体的生成

取 2 个锥形瓶，编号，按表 5-2 操作。

表 5-2　酮体生成 mL

试剂	锥形瓶 A	锥形瓶 B
新鲜肝匀浆	—	2.0
预先煮沸的肝匀浆	2.0	—
pH 7.7 磷酸缓冲液	4.0	4.0
0.5 mol/L 正丁酸溶液	2.0	2.0
43 ℃恒温水浴锅中保温 40 min 后取出		
20%三氯乙酸溶液	3.0	3.0
摇匀，于室温放置 10 min 后，过滤除去蛋白质沉淀，滤液收集于锥形瓶 A、锥形瓶 B 中		

4. 酮体的测定

①取 2 个碘量瓶，根据上述编号顺序按表 5-3 操作。

表 5-3　酮体的测定 mL

试剂	碘量瓶 A	碘量瓶 B
滤液	5.0	5.0
0.1 mol/L 碘液	3.0	3.0
10% NaOH 溶液	3.0	3.0

②将试剂摇匀后，将碘量瓶于室温下放置 10 min。

③于各碘量瓶分别滴加 10% 盐酸溶液，调至溶液呈中性或微酸性（可用 pH 试纸进行检测）。

④当用 0.02 mol/L 硫代硫酸钠溶液滴定碘量瓶中的溶液至浅黄色时，往瓶中滴加数滴 0.1%淀粉溶液，使瓶中溶液呈蓝色。

⑤继续用 0.02 mol/L 硫代硫酸钠溶液滴定，直至碘量瓶中的溶液的蓝色刚好消褪。

⑥记录滴定时所用的硫代硫酸钠溶液体积，按下列公式计算样品中丙酮的生成量。

【计算】

根据滴定样品与对照所消耗硫代硫酸钠溶液的体积差，可以计算由正丁酸氧化生成丙酮的量。

$$实验中所用肝匀浆中生成丙酮的量(mol)=\frac{1}{6}\times(V_A-V_B)\times c$$

式中：V_A 为对照样品 A 所消耗的 0.02 mol/L 硫代硫酸钠溶液的体积(mL)；V_B 为滴定样品 B 所消耗的 0.02 mol/L 硫代硫酸钠溶液的体积(mL)；c 为硫代硫酸钠溶液的浓度(mol/L)。

【注意事项】

①肝匀浆必须新鲜，久置会失去氧化脂肪酸的能力。

②肝脏要充分研磨，不能有块状组织。

③碘量瓶的作用是防止碘液挥发，不能用锥形瓶替代。

④如需测定样品中酮体三种成分的总量，可以用重铬酸钾氧化 β-羟丁酸生成乙酰乙酸，后者与硫酸溶液共热生成丙酮，然后用丙酮测定法进行测定。

【思考题】

1. 在操作步骤 3 中，设置锥形瓶 A 的目的是什么？
2. 制备肝匀浆时，需要注意哪些事项？为什么匀浆时要先加 3 mL 生理盐水？
3. 在实验中，三氯乙酸起什么作用？

实验三 血清非酯化脂肪酸测定

一次提取比色法

【实验目的】

1. 掌握一次提取比色法测定非酯化脂肪酸的原理与方法。
2. 了解非酯化脂肪酸测定的意义。

【基本原理】

脂肪酸是脂肪水解的产物，测定血清脂肪酸可以了解脂肪代谢的情况。用氯仿从血清抽提非酯化脂肪酸时，血清中的蛋白质会在氯仿中变性沉淀，而非酯化脂肪酸能与铜离子结合，形成可溶于氯仿的脂肪酸的铜盐，其含量与血清中非酯化脂肪酸含量成正比。

在氨溶液中，铜与二乙基二硫代氨基甲酸钠发生反应，生成黄棕色络合物(图 5-2)，该络合物可溶于氯仿或四氯化碳中。在 440 nm 的波长下，其吸光度与铜离子含量成正比。用二乙基二硫代氨基甲酸钠测定血清中铜离子的含量，即可推算非酯化脂肪酸的含量。

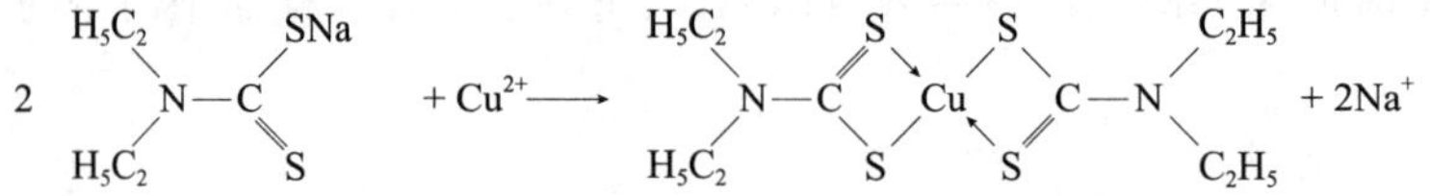

(黄棕色铜络合物)

图 5-2 铜与二乙基二硫代氨基甲酸钠的显色反应

在用氯仿提取非酯化脂肪酸时，添加 pH 6.4 磷酸盐缓冲液可消除磷脂的干扰。但该 pH 不是脂肪酸铜显色的最适条件。实验证明，pH 8～10(即氨溶液的 pH)时，效果最好，这也可能是一次提取比色法结果偏低的原因。

【试剂与器材】

1. 样品

动物的血清。

2. 1/30 mol/L 磷酸盐缓冲液(pH 6.4)

(1)1/30 mol/L 磷酸二氢钾溶液　称取磷酸二氢钾(KH_2PO_4)4.54 g，用蒸馏水溶解并定容至 1 L。

(2)1/30 mol/L 磷酸氢二钠溶液　称取磷酸氢二钠($Na_2HPO_4 \cdot 12H_2O$)11.94 g，用蒸馏水溶解并定容至 1 L。

(3)配制　量取 1/30 mol/L 磷酸二氢钾溶液 73.3 mL 与 1/30 mol/L 磷酸氢二钠溶液 26.7 mL，混合均匀即可。

3. 显色剂

称取二乙基二硫代氨基甲酸钠($C_5H_{10}NS_2Na \cdot 3H_2O$)100 mg，溶于正丁醇 100 mL 中，装入棕色瓶，于 4 ℃的条件下可保存，可稳定 1～2 周。

4. 1 mol/L 醋酸溶液

称取冰醋酸 60 mL 用蒸馏水稀释至 1 000 mL，可长期保存。

5. 6.45%硝酸铜溶液

称取硝酸铜 6.45 g，用蒸馏水溶解并定容至 100 mL，可长期保存。

6. 1 mol/L 三乙醇胺溶液

称取三乙醇胺 149.19 g，用蒸馏水溶解并定容至 1 000 mL，可长期保存。

7. 铜试剂

称取 1 mol/L 三乙醇胺溶液 9 份、1 mol/L 醋酸溶液 1 份及 6.45%硝酸铜溶液 10 份，混合即成，置于 4 ℃的条件下可保存 3 周。

8. 棕榈酸标准溶液(1 000 μmol/L)

精确称取棕榈酸[$CH_3(CH_2)_{14}COOH$，即软脂酸]256.43 mg，置于 1 000 mL 容量瓶中，用氯仿溶解并稀释至 1 000 mL。

9. 其他试剂

氯仿(分析纯)。

10. 器材

离心机、分光光度计、带塞离心管和移液器。

【操作步骤】

取 4 支带塞离心管，按表 5-4 进行操作。

表 5-4　非酯化脂肪酸与铜离子的结合反应　　mL

试剂	空白管	标准管	测定管 1	测定管 2
血清	—	—	0.3	0.3
棕榈酸标准溶液	—	0.3	—	—
蒸馏水	0.3	—	—	—
pH 6.4 磷酸盐缓冲液	1.0	1.0	1.0	1.0
铜试剂	2.0	2.0	2.0	2.0
氯仿	6.0	6.0	6.0	6.0
加塞，振摇 15 min，静置 10 min 后，经 3 000 r/min 离心 5 min。仔细吸去上层液体及蛋白质凝块，弃之，另取 4 支试管操作。				
下层氯仿液	4.0	4.0	4.0	4.0
显色剂	0.5	0.5	0.5	0.5
充分混合，放置 5 min，在 440 nm 下，以空白管调“0”，读取各管吸光度				

【计算】

$$\text{血清非酯化脂肪酸}(\mu\text{mol/L})=\frac{\text{测定管吸光度}}{\text{标准管吸光度}}\times\text{棕榈酸标准溶液浓度}(1\ 000\ \mu\text{mol/L})$$

【注意事项】

①在显色前吸取氯仿层时，吸量管不要触及管壁，防止沾染管壁上附着的铜试剂。氯仿层必须清澈，否则结果会偏高。

②胆红素可被氯仿抽提而干扰比色，故黄疸血清须作 1 支对照管，即最后不加显色剂而用正丁醇代替，在测定管吸光度读数中减去该对照管的吸光度。

③显色后色泽稳定，5 min 至 3 h 吸光度值不变。

④非酯化脂肪酸(nonesterified fatty acid，NEFA)又称游离脂肪酸，血清中的非酯化脂肪酸含量很少，测定时要避免脂肪水解产生的脂肪酸的干扰。

【思考题】

1. 动物体内的非酯化脂肪酸有哪些来源？
2. 氯仿在该实验中起哪些作用？
3. 加塞，振摇 15 min 的目的是什么？

实验四　血清总胆固醇测定

胆固醇氧化酶法

【实验目的】

掌握测定血清胆固醇的原理与方法。

【基本原理】

血清胆固醇有游离与酯化两种形式。血清中的胆固醇酯在胆固醇酯酶的作用下水解为游离胆固醇和非酯化脂肪酸；游离胆固醇再在胆固醇氧化酶的作用下被氧化成胆甾烯酮并产生H_2O_2，非酯化脂肪酸在过氧化物酶参与下与苯酚及4-氨基安替比林(4-AAP)发生反应，生成红色醌亚胺化合物(Trinder反应)，其反应过程如图5-3所示。Trinder反应又称“偶联终点比色法”。其原理为被测物质通过酶作用产生过氧化氢(H_2O_2)后，在4-AAP、过氧化物酶(peroxidase，POD)存在时，生成红色醌亚胺化合物。测定该红色醌亚胺化合物在500 nm波长处的吸光度，可计算血清总胆固醇含量。

需要注意的是，Trinder反应中过氧化物酶专一性差，样品中的其他还原性物质(如维生素C等)会竞争性消耗H_2O_2，导致红色醌亚胺化合物生成量偏低。血清中的葡萄糖、尿酸、谷胱甘肽等还原性化合物也可利用Trinder反应进行测定。若血样发生溶血，细胞内的血红蛋白溢出，溶血标本中血红素中的Fe^{2+}可被H_2O_2氧化为褐红色高铁血红蛋白，该高铁血红蛋白作为有色物质容易与被测溶液的颜色发生正干扰。

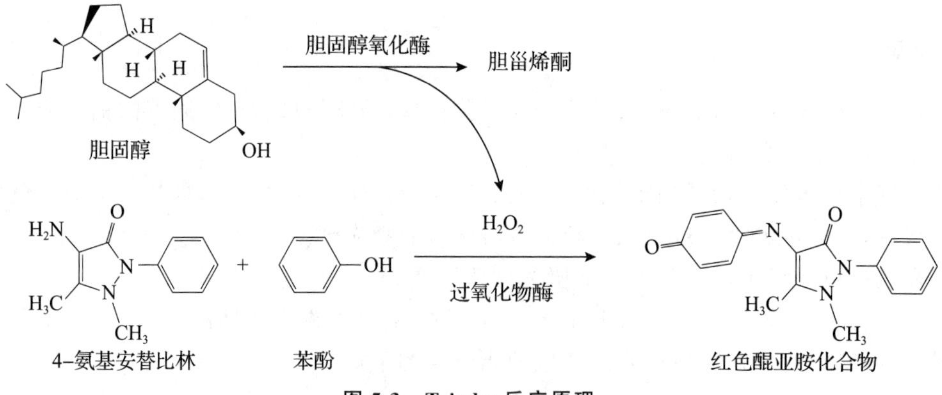

图5-3　Trinder反应原理

血清总胆固醇测定方法很多，其中比色法用得较多。根据比色剂不同，比色法又被分为两类：一类是先经抽提、分离，再作显色定量(如硫磷铁法)；另一类是直接向血清中加入显色剂(如硫酸-醋酐法)。由于胆固醇呈色反应的特异性较差，直接测定往往会受血清中其他因素的干扰，测定结果不如先抽提分离，再显色的方法准确。近年来，直接显色法有所改进，也受到临床检验人员的欢迎。

商品化酶试剂盒的出现使酶法逐渐取代比色法成为趋势。因酶法特异性高，测试时无须萃取分离，操作简便迅速，显色稳定时间长达 2 h，样品用量少，还可借助自动分析仪器测定。不过，酶试剂有一定的使用有效期，在测定时要控制质量。

【试剂与器材】

1. 样品

动物血清。

2. 商品试剂盒的组成

酶试剂(含胆固醇酯酶＞200 U/L、胆固醇氧化酶＞100 U/L、过氧化氢酶＞3 000 U/L)；稀释剂[含 50 mmol/L 磷酸缓冲液(pH 6.7)、0.3 mmol/L 4-氨基安替比林、5 mmol/L 苯酚、3 mmol/L 胆酸钠、0.2% Triton X-100]；胆固醇标准溶液 5.18 mmol/L(2.0 g/L)。

3. 酶工作液

酶试剂与稀释剂以 1∶4 的体积比混合，根据需要临用配制。

4. 器材

恒温水浴锅、分光光度计、试管和移液器。

【操作步骤】

取 3 支试管，按表 5-5 操作。

表 5-5　胆固醇的酶促反应　　mL

试剂	标准管	测定管	空白管
血清	—	0.02	—
胆固醇标准溶液	0.02	—	—
酶工作液	1.50	1.50	1.50
混匀后，置于 37 ℃水浴中 15 min，在 500 nm 波长下比色，以空白管调“0”，测定各管吸光度			

【计算】

$$\text{总胆固醇(mmol/L)}=\frac{\text{测定管吸光度}}{\text{标准管吸光度}}\times\text{胆固醇标准溶液浓度(5.18 mmol/L)}$$

【注意事项】

①以清晨空腹抽血(隔夜忌食高脂食物)为宜。分离血清应避免溶血(轻度溶血影响小)。

②酶试剂在 2～8 ℃暗处保存，至少可用半年。

③酶试剂配成工作液后，置于 2～8 ℃的冰箱内，7 d 内有效。

【思考题】

1. 胆固醇氧化酶法测定血清胆固醇的原理是什么？

2. 发生溶血后的血清中含有大量血红蛋白，对实验结果会造成较大影响，其原因是什么？

实验五　脂类的提取与薄层层析分离

【实验目的】

1. 掌握硅胶 G 薄层层析的原理及相关实验操作。

2. 掌握从组织中萃取主要脂类成分的原理与方法。

【实验原理】

生物组织中的脂类成分大多与蛋白质结合成疏松的复合物。提取这些脂类时，抽提液必须兼具亲水性成分且有形成氢键的能力，如氯仿-甲醇混合液。

薄层层析属于吸附层析，利用各成分对同一吸附剂（如硅胶 G）的吸附能力不同，在流动相（展开剂）流过固定相（吸附剂）的过程中，连续产生吸附、解吸附、再吸附，从而达到成分互相分离的目的。在一定条件下，化合物移动的距离与展开剂移动的距离之比，即比移值（R_f）是一定的，其大小只与化合物本身的结构有关。化合物极性越大，与固定相的作用力越强，迁动越慢，R_f 值越低，反之亦然。流动相（展开剂）的选择取决于样品中各组分极性和展开剂对各组分的溶解度，洗脱能力随展开剂的极性增强而提升，理想的展开剂应能使各组分 R_f 值相差尽可能大，并处于 0.2～0.8 区间。

在薄层层析中，硅胶是应用最多的固定相之一。硅胶富含硅醇基（—Si—OH），通过—OH 基团与极性化合物或不饱和化合物形成氢键体现吸附性能。硅醇基越多，吸附能力越强。硅胶 G 在硅胶中加入煅石膏作为黏合剂，铺在玻璃板上可以进行垂直展开。其他吸附剂，如氧化铝、纤维素、聚酰胺等，也可作为吸附层析的固定相。

薄层层析的重现性受多种因素影响。对于以形成氢键产生吸附能力的吸附剂而言，相对湿度是重要因素之一，吸附剂的活性随相对湿度的增加而降低。一般而言，湿度越低，R_f 值越低；吸附剂暴露于湿气中的时间越长，含水量越高，极性相对升高。此外，层析缸和薄层板的预饱和能减小实验的整体差异性，提高实验结果的重现性。预饱和的时长与展开剂的挥发性有关：挥发性强的展开剂，预饱和时间为 20～30 min；挥发性差的展开剂，预饱和时间可延长至 1～2 h。

【试剂与器材】

1. 实验样品

熟鸡蛋黄。

2. 抽提液

V（氯仿）∶V（甲醇混合液）＝2∶1。

3. 展开剂

V（氯仿）∶V（甲醇）∶V（乙酸）∶V（水）＝170∶30∶20∶7。

4. 器材

硅胶 G（200 目）、玻璃板（5 cm×15 cm）、无水硫酸钠、碘粒、层析缸、研钵、15 mL 离心管和吹风机。

【操作步骤】

1. 脂类的提取

(1)抽提　称取熟蛋黄 1 g，在研钵中磨碎后，转入带盖的刻度试管中，加入 5 倍体积的抽提液(1 g 蛋黄按 1 mL 计算)，充分振荡抽提 10 min。经 2 000 r/min 离心 2 min，吸取上清液 4 mL 到新离心管中，若不足 4 mL，用抽提液补齐。

(2)水洗　加入 1/2 体积的蒸馏水，振荡后，经 2 000 r/min 离心 2 min，加速分层，分别为水相(上层)和有机相(下层)。吸去水相，下层有机相继续加入 1/2 体积的蒸馏水洗 2 次。

(3)脱水　水洗完后，往有机相中添加适量无水硫酸钠固体，振荡，吸收残留水分；若水分过多，可再次经 2 000 r/min 离心 2 min，直至有机相呈现黄色透明状。

2. 硅胶 G 板的制备

称取硅胶 G 粉 2 g，放入研钵，加水约 6 mL，研磨均匀，用玻璃棒引流，将糊液铺在 5 cm×15 cm 的洁净玻璃板上，抖动玻璃板，使之均匀分散，水平放置，自然干燥。干燥后，用烘箱在 110 ℃条件下活化 30 min 以上，自然冷却后保存在干燥器中备用。

3. 点样

在硅胶板上，用铅笔在距离底边 2 cm 处画起始线，并标记点样位置如图 5-4 所示。用移液器吸取蛋黄抽提液 10 μL 左右，可分 1～2 次点样。每次点样后用吹风机吹干，点样直径应小于 5 mm。

图 5-4　点样示范

4. 展层

(1)预饱和　往层析缸(大烧杯)中加入 0.5 cm 展开剂，预饱和 30 min 以上。

(2)展层　将薄层板点样端放入预饱和层析缸(大烧杯)，用玻璃盖或锡纸密封，开始展层。当展开剂前沿距起点约 10 cm 时，可取出硅胶板，立刻用铅笔标记展开剂的前沿位置，然后用热风吹干。

5. 显色

将干燥的硅胶板放入预先放碘粒的大烧杯，密闭几分钟，观察到硅胶板上的脂类成分被碘蒸气染成黄色。

6. 计算各组分点 R_f 值

取出染色硅胶板，立刻用铅笔描出各组分斑点的轮廓，并点出中心点。用直尺量出各组分中心点的展开距离和展开剂的展开距离，计算 R_f 值。R_f 值的参考值包括三酰甘油(0.95)、胆固醇(0.75～0.76)、脑磷脂(0.65)、卵磷脂(0.35)。

$$R_f=\frac{\text{被分离物质的斑点中心到点样线的垂直距离}}{\text{展开剂前沿到点样线的垂直距离}}$$

【注意事项】

①展开剂为有机溶剂，操作应在通风橱或通风环境中进行。

②在向抽提液中逐步加入无水硫酸钠时，边加边搅拌，直至颗粒呈松散流动状且不再结块。若加入过量，则需过滤或离心去除固体，收集上层澄清液。

③点样时间尽量缩短，减少暴露于潮湿环境的时间。展开剂在硅胶板上长时间无法展开

可能是因为硅胶板活化程度不足，相对湿度过高，可尝试更换活化好的硅胶板，重新展开。

④点样应防止边缘效应，需离硅胶板边缘 1 cm 以上。在硅胶板上画线、点样应轻柔，防止硅胶层被划伤，影响展开效果。

⑤从不同品种鸡的蛋黄中，提取的脂类成分可能存在差异。

⑥拿取硅胶 G 板时，应戴手套，避免手指的油脂污染薄层板。

⑦碘极易升华，装有碘粒的大烧杯应保持密封。硅胶板上的脂类成分可溶解碘蒸气而呈黄色，但是在取出硅胶板后，脂中溶解的碘易挥发。在描画斑点轮廓的过程中，如果斑点颜色变得过淡，就可重新放入碘烧杯中进行染色。

【思考题】

1. 在实验中，为什么磷脂的 R_f 值明显小于三酰甘油？简述原理。

2. 相对湿度影响硅胶薄层层析的结果重现性的原理是什么？预饱和为什么可以提高实验结果的重现性？

第六章　蛋白质实验

实验一　醋酸纤维素薄膜电泳分离血清蛋白

【实验目的】

学习电泳的原理，掌握醋酸纤维素薄膜电泳分离血清蛋白质的方法。

【基本原理】

醋酸纤维素薄膜电泳是以醋酸纤维素薄膜为支持物分离蛋白质的一种电泳方法。醋酸纤维素薄膜具有均一的泡沫状结构，渗透性强，以其作为支持物进行电泳，具有简单、快速定量、样品用量少、对样品无吸附和拖尾现象、电泳区带清晰、灵敏度高等优点。虽然其分辨率比聚丙烯酰胺凝胶电泳和淀粉凝胶电泳要低，但比以滤纸为支持物进行的纸电泳要高。目前醋酸纤维素薄膜电泳在血清蛋白、血红蛋白、糖蛋白、脂蛋白、结合球蛋白和同工酶等分析检测中应用仍然很广泛。

蛋白质属于两性电解质，在不同的缓冲液中所带电荷的极性与数量会有所不同，因而在电场中的迁移也会有所不同：在 pH 小于其等电点的缓冲液中，蛋白质带正电荷，在电场中向阴极移动；在 pH 大于其等电点的缓冲液中，蛋白质带负电荷，在电场中向阳极移动；当缓冲液的 pH 为蛋白质的等电点时，则该蛋白质在电场中既不向阳极移动，又不向阴极移动。血清中含有多种蛋白质，如清蛋白、α-球蛋白、β-球蛋白、γ-球蛋白等，因它们所含的可解离基团不同，在同一种 pH 的缓冲液中，所带静电荷有别，它们在电场中的迁移情况也各异，故可利用醋酸纤维素薄膜电泳将它们分离。人血清中的各种蛋白质的等电点、相对分子质量的差异如表 6-1 所列。

表 6-1　人血清中的各种蛋白质的等电点及相对分子质量

蛋白质名称	等电点(pI)	相对分子质量
清蛋白	4.88	69 000
α_1-球蛋白	5.06	200 000
α_2-球蛋白	5.06	300 000
β-球蛋白	5.12	90 000～150 000
γ-球蛋白	6. 85～7. 50	156 000～300 000

从表 6-1 中可知，血清中的 5 种蛋白质的等电点都低于 pH 7.0，所以在 pH 8.6 缓冲液中，它们都可电离成负离子，在电场中向正极移动。其中清蛋白所带的负电荷量最大，泳动速率最快，向正极迁移的距离最大，其余依次为 α_1-球蛋白、α_2-球蛋白、β-球蛋白、γ-球蛋白。γ-球蛋白因所带电荷量最少，向正极迁移的距离最小，最接近原点。

由于血清蛋白质为无色的胶体颗粒，实验中需要使用氨基黑 10B 染料进行显色。电泳结束后，将醋酸纤维素薄膜浸入染色液，然后用漂洗液漂洗，未与蛋白质结合的染料可通过漂洗去除，最终在薄膜上，不同的蛋白质所处于不同的位置，呈现出清晰的蛋白质电泳区带。

在一定范围内，蛋白质的量与结合的染料量成正比，因而还可以进行定量分析：本实验将醋酸纤维素薄膜上的各蛋白质区带剪下，分别用 0. 4 mol/L NaOH 溶解蛋白质后，用比色法测定其相对含量；也可以直接用光密度计扫描测定染色后的薄膜的相对含量。

【试剂与器材】

1. 实验样品

新鲜血清（制备时要无溶血现象）。

2. 电极缓冲液

巴比妥-巴比妥钠缓冲液（pH 8.6、0.075 mol/L、离子强度 0.06）：分别称取巴比妥 1.66 g 和巴比妥钠 12.76 g，合并后用蒸馏水溶解并定容至 1 000 mL。

3. 染色液

称取氨基黑 10B 0.5 g，分别加入蒸馏水 40 mL、甲醇 50 mL、冰醋酸 10 mL，混匀后，贮存于试剂瓶中。

4. 漂洗液

分别量取 95%乙醇 45 mL、冰醋酸 5 mL 和蒸馏水 50 mL，混匀即可。

5. 透明液

（1）甲液　分别取冰醋酸 15 mL 和无水乙醇 85 mL，将两者混匀即可。

（2）乙液　分别取冰醋酸 25 mL 和无水乙醇 75 mL，将两者混匀即可。

6. 0.4 mol/LNaOH 溶液

称取 16 g NaOH，用蒸馏水溶解并定容至 1 000 mL。

7. 器材

镊子（竹夹）、醋酸纤维素薄膜（厚度约为 120 μm）、滤纸、铅笔与直尺、点样器或毛细管、电泳仪与水平电泳槽和分光光度计。

【操作步骤】

1. 仪器和薄膜的准备

（1）醋酸纤维素薄膜的湿润和选择　将薄膜（规格为 2 cm×8 cm 或根据情况自行裁剪制备）轻放于缓冲液液面上浸润。若迅速湿润后，整条薄膜的颜色一致且无白色斑点，表明薄膜质地均匀，然后用竹夹或镊子轻轻地将薄膜完全浸入缓冲液，待薄膜完全浸透后使用，一般至少需要浸泡 20 min。

（2）制作电桥　将电极缓冲液倒入水平电泳槽的两侧，使两个电极槽内的液面等高（可用虹吸量管平衡两边的液面）。根据电泳槽的纵向尺寸，在两电极槽分别放入四层滤纸，一端浸入缓冲液，另一端则贴附在电泳槽的支架上(用缓冲液将滤纸全部润湿并去除气泡，使滤纸紧贴在支架上，即为滤纸桥)，作用是联系薄膜与两电极缓冲液，如图 6-1 所示。

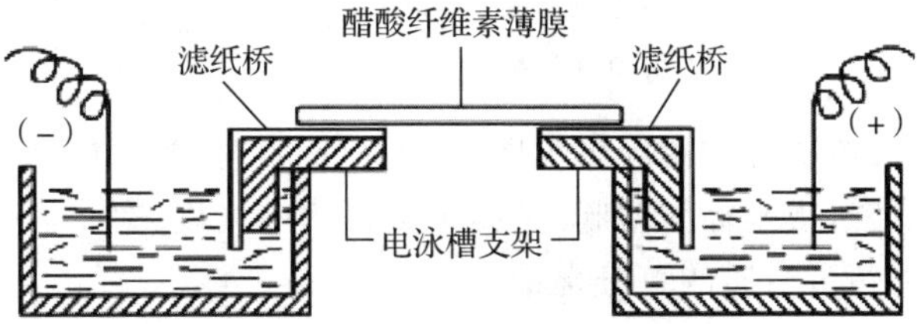

图 6-1 醋酸纤维素薄膜电泳装置

2. 点样与电泳

取出浸透的醋酸纤维素薄膜，识别无光泽面，平放在滤纸上(无光泽面朝上)，用滤纸吸去多余的缓冲液，或者直接用两张滤纸夹住薄膜吸干缓冲液，然后在无光泽面距膜一端约 1.5 cm 处，用铅笔和直尺轻画点样直线作为点样区。

取干净的点样器，将血清均匀涂抹在点样器的边缘，然后将该边缘与薄膜点样区轻轻接触点样，也可用毛细管吸取血清，沿点样直线画线点样。待样品渗入膜内后，用镊子将薄膜无光泽面(即点样一面)紧贴电泳槽正负极滤纸桥，让薄膜的点样端位于负极，且薄膜要绷紧，中央不出现塌陷或凹面。平衡 10 min 后，打开电泳仪开关，调节电压为 90～110 V、电流为 0.4～0.6 mA/cm、电泳为 40～60 min。

3. 染色与漂洗

电泳结束后，关闭电泳仪。用镊子取出醋酸纤维素薄膜，将薄膜浸入染色液，染色 5～10 min，取出，再放入盛有漂洗液的培养皿中漂洗，每隔 5 min 左右换 1 次漂洗液，连续 3 次，直至背景颜色脱去(可根据脱色情况，适当延长单次脱色时间或增加脱色次数)。此时将醋酸纤维素薄膜夹在滤纸中吸干，即可观察到醋酸纤维素薄膜上清晰的电泳图谱。

4. 结果判断

漂洗后，薄膜上可呈现清晰的 5 条区带，由正极端起，依次为清蛋白、α_1-球蛋白、α_2-球蛋白、β-球蛋白、γ-球蛋白。

5. 透明

将用滤纸吸干的醋酸纤维素薄膜浸入透明液甲液，2 min 后立即取出，再将之浸入透明液乙液，准确浸泡 1 min 后，迅速取出薄膜，并将其紧贴玻璃板，赶走气泡。2～3 min 薄膜完全透明。待干燥后置于切片盒中，可长期保存。

6. 定量分析

可利用洗脱法或光密度扫描法，测得各蛋白质组分的相对百分含量。

(1)洗脱法　将漂洗干净而未透明的电泳图谱的各区带剪下，剪一段无蛋白质区带的薄膜作为空白，分别浸于盛有 4 mL 的 0.4 mol/L NaOH 溶液的试管中，摇匀，37 ℃水浴中保温 30 min，每隔 10 min 摇动 1 次，然后以无蛋白区带的试管为空白调“0”，在 620 nm 波长下比色，分别测出各管的吸光度($A_{清}$、$A_{\alpha1}$、$A_{\alpha2}$、A_{β}、A_{γ})，它们的总和为总吸光度($A_{总}$)。按下列方法计算血清中的各种蛋白质所占的百分率。

$$A_{总}=A_{清}+A_{\alpha1}+A_{\alpha2}+A_{\beta}+A_{\gamma}$$

$$清蛋白=A_{清}/A_{总}\times100\%$$

$$\alpha_1\text{-球蛋白}=A_{\alpha1}/A_{总}\times100\%$$
$$\alpha_2\text{-球蛋白}=A_{\alpha2}/A_{总}\times100\%$$
$$\beta\text{-球蛋白}=A_{\beta}/A_{总}\times100\%$$
$$\gamma\text{-球蛋白}=A_{\gamma}/A_{总}\times100\%$$

(2)密度计法　将已透明好的薄膜电泳图谱放入自动扫描光密度计，在记录仪上自动绘出血清蛋白各组分的曲线图，横坐标为薄膜长度，纵坐标为吸光度，每个峰代表一种蛋白质组分。以峰的面积计算血清中各蛋白质的百分含量。

【思考题】

1. 电泳时，为什么点样一端要放在电泳槽的负极端？
2. 在醋酸纤维素薄膜电泳分离血清蛋白实验操作中，应注意什么问题？

实验二　蛋白质含量的测定

生物化学等科学研究及生产实践常需要进行样品中蛋白质含量的测定。由于蛋白质种类繁多、结构不一、性质与功能各异，这给建立理想且又通用的蛋白质含量测定方法带来了困难。目前测定蛋白质含量的方法很多，每种方法都有其优缺点。下面介绍5种实验室最常用的蛋白质含量测定方法。

一、微量凯氏定氮法

【实验目的】

掌握应用微量凯氏定氮法测定血清中蛋白质含量的原理与方法。

【基本原理】

各种生物样品的有机物质在有催化剂(如硫酸铜)参与下，用浓硫酸消煮时，样品中的蛋白质和含氮有机物，经复杂的高温分解反应转化为氨；氨与浓硫酸结合成硫酸铵；非含氮物质以二氧化碳、水、二氧化硫等气体状态逸出。硫酸铵可与碱性的奈斯勒(Nessler)试剂作用，生成棕色胶体溶液，然后用同样方法处理的标准硫酸铵溶液作对照进行比色，将测得的吸光度值代入公式计算血清总氮量。上述主要化学反应如下(以丙氨酸为例)。

$$2CH_3CHNH_2COOH+13H_2SO_4\rightarrow(NH_4)_2SO_4+6CO_2\uparrow+12SO_2\uparrow+16H_2O$$
$$(NH_4)_2SO_4+2NaOH\rightarrow Na_2SO_4+2NH_4OH$$
$$2NH_4OH+2(KI_2)\cdot HgI_2\rightarrow NH_2Hg_2I_3+4KI+NH_4I+2H_2O$$

碘化钾汞双盐　　碘代双汞胺

血清中除含有蛋白质氮外，还含有非蛋白质的含氮化合物(如尿素、尿酸、肌酐、肌酸、氮、氨基酸等)，这些化合物中所含的氮称为非蛋白质氮(non-protein nitrogen，NPN)。测定时，需先将血清制备成无蛋白质血滤液，再经消化、显色、比色即可测定血清 NPN 含量。本实验采用钨酸法制备无蛋白质血滤液。其原理为钨酸钠与硫酸作用生成钨酸，后者使蛋白质沉淀，过滤可得无蛋白质血滤液。

在蛋白质的元素组成中，氮的含量较为恒定，平均为 16%，即 1 g 氮相当于 6.25 g 蛋白质，因此用总氮量减去非蛋白质含氮量后，再乘以一定的换算系数（通常用 6.25 系数计算），即可得出血清中的蛋白质的含量。

【试剂与器材】

1. 10%钨酸钠

称取钨酸钠（$Na_2WO_4 \cdot 2H_2O$）100 g，溶于少量蒸馏水中，最后添加蒸馏水至 1 000 mL。该液以 1%酚酞为指示剂测试应为中性（无色）或微碱性（呈粉红色）。

2. 1/3 mol/L 硫酸溶液

称取 98%的浓硫酸 18.116 mL，缓慢倒至约 250 mL 蒸馏水中，同时搅拌，以防止局部温度过高，最后添加蒸馏水至 1 000 mL。

3. 消化液

先将硫酸铜（$CuSO_4 \cdot 5H_2O$，分析纯）和无水硫酸钾（K_2SO_4，分析纯）按照 1∶15（质量比）混和，研碎混匀制成催化剂。将每 5.0 mL 浓硫酸中加入 0.3～0.5 g 的催化剂，配制成消化液。

4. 含氮量为 0.04 mg/mL 硫酸铵标准溶液

精密称取于 105 ℃干燥恒重的硫酸铵 0.1887 g，溶于少量蒸馏水中，最后添加蒸馏水至 1 000 mL。

5. 奈斯勒试剂

称取 16.0 g 氢氧化钠（NaOH），溶于 50 mL 水中，冷却至室温。称取 7.0 g 碘化钾（KI）和 10.0 g 碘化汞（HgI_2），溶于水中，然后将该溶液在搅拌下，缓慢倒于上述 50 mL 氢氧化钠溶液中，用水稀释至 100 mL。贮于聚乙烯瓶内，用橡皮塞或聚乙烯盖子盖紧，于暗处存放，有效期为 1 年。

6. 实验样品

动物血清。

7. 器材

分析天平（感量 0.000 1 g）、酒精灯、玻璃试管、试管夹、琉璃珠和移液枪。

【操作步骤】

1. 无蛋白质血滤液的制备

吸取血清 0.25 mL，置于试管中；添加蒸馏水 4.00 mL，混合，再添加 10%钨酸钠 0.25 mL，混匀，然后加入 1/3 mol/L 硫酸溶液 0.25 mL，随加随摇，静置 5 min，过滤，滤液必须无色透明，否则，需重新过滤或再制备。

2. 稀释血清

吸取血清 0.25 mL 置于 50 mL 容量瓶中，添加生理盐水至 50 mL，颠倒混合数次，以保证充分混匀。

3. 消化

准确吸取稀释血清和无蛋白质滤液各 1.00 mL，分别置于 2 支硬质试管中，添加消化液 0.20 mL，混匀，放入 1 粒玻璃珠。用试管夹夹住试管，于酒精灯上先均匀加热(在通风橱中进行)，再把试管竖直，于管底部加热至沸腾，消化 5～8 min(注意调节玻璃管与火焰之间的距离，管内液体应保持沸腾，防止液体外溅，否则会影响测定结果的准确性)。在消化过程中，管内液体由无色逐渐转变为黑色，并有白烟充满试管；继续消化，顷刻间管内液体由黑色变为棕色，再转变为无色透明，即可移开或熄灭灯火，待试管在室温冷却后进行显色操作。

4. 显色

将上述第 3 步消化后的 2 支试管分别标明“测定管”及“NPN 管”(其中各有消化后溶液约为 0.10 mL)，并另取 2 支洁净干燥试管，分别标明“标准管”及“空白管”，按表 6-2 操作。充分混合后比色。显色液必须清晰透明，不得浑浊。

表 6-2　硫酸铵显色反应

试剂	测定管	NPN 管	标准管	空白管
硫酸铵标准溶液(氮含量为 0.04 mg/mL)	—	—	1.00	—
消化液/mL	—	—	0.20	0.20
蒸馏水/mL	6.90	6.90	5.80	6.80
奈斯勒试剂/mL	3.00	3.00	3.00	3.00

5. 比色

用空白管调“0”，用蓝色滤光片或 440 nm 波长比色，分别记录各管吸光度值。

6. 计算

①每 100 mL 血清 NPN 含氮量(g/100 mL)。

$N_{NPN}=A_{NPN}/A_{标准}\times c_{标准}\times$稀释倍数。

②每 100 mL 血清总含氮量(g/100 mL)。

$N_{测定}=A_{测定}/A_{标准}\times c_{标准}\times$稀释倍数。

③每 100 mL 血清蛋白含氮量(g/100 mL)。

$N_{pro}=N_{测定}-N_{NPN}$。

④血清中的蛋白质含量(g/100 mL)$=N_{pro}\times 6.25$。

【注意事项】

①各试管中的加液顺序：横向依次加入，每加一种试剂均需充分混匀。

②在加热消化时，试管管口不能对着自己或他人。

③实验所用的蒸馏水及试剂必须防止被空气中氮的污染。

④奈斯勒试剂中的汞有毒，操作时小心，若皮肤触碰，要及时清洗。

⑤在配制溶液时，所有的用水都要用无氨水，且不可以用普通的滤纸过滤，以防引入氮污染。

⑥在配制硫酸溶液时，应缓慢将浓硫酸倒入水中(不可反向操作)，避免剧烈放热引发烫伤或危险。

二、双缩脲法

【实验目的】

1. 掌握双缩脲法测定蛋白质含量的原理与方法。
2. 学习可见分光光度计的使用方法。

【基本原理】

在碱性溶液中，双缩脲（NH_2—CO—NH—CO—NH_2）能与 Cu^{2+} 反应，生成紫红色的络合物，这一反应称为双缩脲反应。凡具有两个酰胺基或两个以上肽键的化合物都能发生双缩脲反应。蛋白质分子中的肽键也能与 Cu^{2+} 发生双缩脲反应，在 540 nm 处有最大光吸收。在一定的浓度范围内，蛋白质浓度与双缩脲反应所呈现的颜色深浅成正比，且与蛋白质分子质量及氨基酸组成无关，故可用比色法进行蛋白质含量的测定。该法常用于快速但不要求十分精确的蛋白质含量的测定。

【试剂与器材】

1. 双缩脲试剂

称取 1.50 g 硫酸铜（$CuSO_4 \cdot 5H_2O$）和 6.0 g 酒石酸钾钠（$NaKC_2H_4O_6 \cdot 4H_2O$），溶于 500 mL 蒸馏水中，边搅拌边加入 10%的 NaOH 溶液 300 mL，定容至 1 000 mL，将其贮存于塑料瓶中（或内壁涂以石蜡的瓶中），可长期保存。当试剂瓶中出现黑色沉淀时，则该试剂需要重新配制。

2. 标准溶液

用蒸馏水或 0.9%氯化钠配制 2 mg/mL 的牛血清白蛋白溶液。

3. 样品液

可选用血清或蛋清的 100 倍稀释液，样品浓度最好控制为 1～10 mg/mL。

4. 器材

可见分光光度计、移液枪和试管。

【操作步骤】

1. 标准曲线的绘制

①取 6 支 10 mL 带盖试管，编号，配制 6 种不同浓度的牛血清白蛋白溶液，浓度分别为：0.2 mg/mL、0.4 mg/mL、0.6 mg/mL、0.8 mg/mL、1.0 mg/mL 和 1.2 mg/mL。

②取 7 支干净试管，编号，往 1～6 号试管中分别添加上述不同浓度的蛋白质溶液 3.0 mL，往试管 0 中添加 3.0 mL 蒸馏水作为对照管，然后向各试管添加双缩脲试剂 2.0 mL，充分混匀，即出现紫红色，在 540 nm 处测定各管吸光度值，用 Excel 绘制蛋白质浓度-吸光度标准曲线，并获得蛋白质浓度与吸光度之间的线性回归方程。

2. 样品液测定

称取未知浓度的蛋白质溶液（样品液）3.0 mL，置于试管内，添加双缩脲试剂 2.0 mL，混匀，测其 540 nm 处的吸光度值，对照标准曲线及其线性回归方程，即可求得对应的蛋白质含量，然后乘以稀释倍数，就可得到样品液的蛋白质含量。

【注意事项】

①采用本方法测定时，应将样品蛋白浓度稀释或浓缩至合适范围，使样品的吸光度值落在标准曲线的范围内。

②应在显色后 30 min 内完成比色测定，30 min 后可能会产生沉淀，影响测定结果。各管由显色到比色的时间应尽可能一致，以减小实验误差。

三、Folin-酚法

【实验目的】

1. 掌握 Folin-酚法测定蛋白质含量的原理与方法。
2. 掌握分光光度计的使用方法。

【基本原理】

Folin-酚法最早由美国科学家 Lowry 建立，又称 Lowry 法。用 Folin-酚试剂测定蛋白质含量的方法灵敏度较高，被广泛使用。该法所用试剂由试剂 A 与试剂 B 两部分组成。试剂 A 相当于双缩脲试剂，在碱性条件下可与蛋白质中的肽键发生显色反应，并使肽链展开，暴露其中的酪氨酸和色氨酸等残基。试剂 B(磷钼钨酸)在碱性条件下极不稳定，其中的磷钼酸盐-磷钨酸盐易被蛋白质中的酪氨酸、色氨酸残基及酚类化合物还原，生成蓝色化合物(钼蓝和钨蓝混合物)，且颜色深浅与蛋白质含量(一定浓度范围)成正比，可通过比色法来测定。该法也适用于酪氨酸或色氨酸的定量测定。

该法的缺点是不同蛋白质中的酪氨酸、色氨酸含量不同，显色强度也不一致，需采用同种蛋白质作为标准品，并且干扰双缩脲反应的物质同样会影响该方法。酚类、巯基类化合物也可能产生干扰。

【试剂与器材】

1. Folin-酚试剂 A

将 1 g 无水碳酸钠(Na_2CO_3)溶于 50 mL 0.1 mol/L 的 NaOH 溶液中，另将 0.5 g 硫酸铜($CuSO_4 \cdot 5H_2O$)溶于 100 mL1%酒石酸钾(或酒石酸钠)溶液中。然后取前者 50 mL 与 1 mL 硫酸铜-酒石酸钾溶液混合，混合后的溶液当日内有效。

2. Folin-酚试剂 B

将 100 g 钨酸钠($Na_2WO_4 \cdot 2H_2O$)、25 g 钼酸钠($Na_2MoO_4 \cdot 2H_2O$)、700 mL 蒸馏水、50 mL 85%磷酸及 100 mL 浓盐酸置于 1 500 mL 磨口圆底烧瓶中，充分混匀后，接上回流冷凝管，小火回流 10 h。回流完毕，再添加 150 g 硫酸锂、50 mL 蒸馏水及数滴溴水，开口继续煮沸 15 min，去除过量的溴(在通风橱内进行)。冷却后稀释至 1 000 mL，过滤，滤液呈微绿色，贮于棕色瓶中。临用前，用标准 NaOH 溶液滴定，用酚酞作指示剂(试剂微绿会影响滴定终点的观察，可将试剂稀释 100 倍，再滴定）。根据滴定结果，将试剂稀释至相当于 1 mol/L 的酸，贮于冰箱中，可长期保存。若觉得配制 Folin-酚试剂太麻烦，可以选用 Folin-酚试剂盒。

3. 标准蛋白溶液

用蒸馏水或 0.9%氯化钠配制 250 μg/mL 的牛血清白蛋白溶液。

4. 样品液

可选用血清或蛋清的 100 倍稀释液。

5. 器材

可见分光光度计、移液枪和试管。

【操作步骤】

1. 标准曲线的绘制

取 6 支干净试管，编号，按表 6-3 加入试剂。

表 6-3　Folin-酚法测定蛋白质浓度的标准曲线绘制

试剂	试管 1	试管 2	试管 3	试管 4	试管 5	试管 6
标准溶液/mL	0	0.2	0.4	0.6	0.8	1.0
蒸馏水/mL	1.0	0.8	0.6	0.4	0.2	0
Folin-酚试剂 A/mL	5.0	5.0	5.0	5.0	5.0	5.0
混匀，室温放置 10 min						
Folin-酚试剂 B/mL	0.5	0.5	0.5	0.5	0.5	0.5
标准蛋白质含量/μg	0	50	100	150	200	250

立即混匀，30 min 后，以试管 1 为对照，在 700 nm 波长下测定各试管中溶液的吸光度值。以标准蛋白质的含量为横坐标，对应的吸光度值为纵坐标，绘制蛋白质浓度的标准曲线。

2. 样品液测定

准确吸取 1.0 mL 样品液置干净试管内，添加 5 mL Folin-酚试剂 A，混匀；10 min 后，再添加 0.5 mL Folin-酚试剂 B，立即混匀，30 min 后测定溶液的吸光度值（700 nm），对照标准曲线求出样品液的蛋白质浓度，再乘以稀释倍数。

【注意事项】

①该法反应显色随时间延长不断加深，各项操作必须精准控制时间，以减少误差。

②Folin-酚试剂 B 仅在酸性条件下稳定，但该法还原反应在 pH 约为 10 的条件下发生，故当 Folin-酚试剂 B 加入碱性的铜-蛋白质溶液时，必须立即混匀，以便在磷钼酸-磷钨酸试剂被破坏前，还原反应即可发生。

四、紫外分光光度法

【实验目的】

1. 学习用紫外分光光度法测定蛋白质含量的原理与方法。

2. 掌握紫外分光光度计的使用方法。

【基本原理】

蛋白质分子中一般都含有酪氨酸、色氨酸和苯丙氨酸等芳香族氨基酸残基，其结构中的共轭双键对紫外光有吸收作用，其最大吸收波长约为 280 nm。在该波长附近，蛋白质溶液的光吸收值与其含量(范围是 0.1～1.0 mg/mL)成正比，因此该法可用于蛋白质含量的测定。若将已知不同浓度的蛋白质标准溶液在 280 nm 处测定，并绘制标准曲线，即可测得未知溶液的蛋白质浓度。该法测定迅速、用量较少，且不破坏样品。若样品中含有嘌呤、嘧啶等对 280 nm 波长有吸收的物质，则这些物质会对测定产生干扰作用。

在进行紫外吸收法测定时，因蛋白质吸收高峰常随 pH 的改变而变化，实验中样品的 pH 应尽量与测定标准曲线的 pH 一致。

由于核酸的最大吸收波长约为 260 nm，在测定样品 280 nm 光吸收值时，同时测定 260 nm 的光吸收值，通过计算就可以消除核酸类物质对样品蛋白质含量测定的影响。

【试剂与器材】

1. 标准蛋白质溶液

准确称取经凯氏定氮法校正的结晶牛血清白蛋白，用 0.9%氯化钠配制成浓度为 1 mg/mL 的溶液，用于稀释配制不同浓度的蛋白质标准溶液。

2. 待测蛋白质溶液

准确称取酪蛋白 100 mg，用 0.05 mol/L 的氢氧化钠配制成浓度为 0.5 mg/mL 的溶液或取某样品，将其浓度用 0.9%氯化钠适当稀释至标准曲线浓度范围。

3. 器材

紫外分光光度计、移液枪和试管。

【操作步骤】

1. 280 nm 的光吸收法

(1)标准曲线的绘制　取 6 支试管，编号，按表 6-4 加入试剂。

表 6-4　紫外分光光度法测定蛋白质浓度的标准曲线绘制

试剂	试管 1	试管 2	试管 3	试管 4	试管 5	试管 6
标准蛋白质溶液/mL	0	1.0	2.0	3.0	4.0	5.0
蒸馏水/mL	5.0	4.0	3.0	2.0	1.0	0
标准蛋白质浓度/(mg/mL)	0	0.2	0.4	0.6	0.8	1.0

混匀，选用光程为 1 cm 的石英比色杯，以试管 1 为空白，在紫外分光光度计 280 nm 波长处以试管调“0”，测定各管溶液的吸光度(A_{280})。以吸光度值为纵坐标、蛋白质浓度为横坐标绘出标准曲线。

(2)样品测定　取待测蛋白质溶液倒入石英比色皿，用配制蛋白质溶液的溶剂作为空白对照进行调“0”，读取待测蛋白质溶液在 280 nm 波长处的吸光度值，并依据标准曲线求得待测蛋白质的浓度。如果待测蛋白质样品已稀释，结果就要乘以稀释倍数。

2. 280 nm 和 260 nm 的吸收差法

将待测的蛋白质溶液稀释至吸光度为 0.2～2.0，以溶解或稀释蛋白质样品的溶剂作空白对照，分别在波长 280 nm 和 260 nm 处，测得待测样品的吸光度值(A_{280} 和 A_{260})。通常，纯蛋白质溶液的吸光度比值：$A_{280\ nm}/A_{260\ nm}\approx 1.8$；纯核酸溶液的吸光度比值：$A_{280\ nm}/A_{260\ nm}\approx 0.5$。含有核酸的蛋白质溶液应用 280 nm 和 260 nm 的吸收差法经验公式，直接计算样品中蛋白质的质量浓度。

$$\rho_{protein}=1.45\ A_{280\ nm}-0.74\ A_{260\ nm}$$

式中：ρ 为质量浓度(mg/mL)。

【注意事项】

①该法干扰物质多，准确性较差，但测定过程不破坏样品，适用于蛋白质分离纯化时跟踪蛋白质。与标准蛋白质相比，若待测样品中芳香族氨基酸残基含量差异较大，则会产生较大的测定误差。该法适合用于与标准蛋白质氨基酸组成相似的蛋白质含量的测定。

②若样品吸光度值过高，可将样品适当稀释后再进行测定。

【思考题】

紫外分光光度法测定蛋白质的优缺点分别是什么？受哪些因素的影响？

五、考马斯亮蓝法

【实验目的】

1. 掌握考马斯亮蓝法测定蛋白质含量的原理与方法。
2. 掌握分光光度计的使用方法。

【基本原理】

考马斯亮蓝 G-250 是一种染料，在游离状态下呈红棕色，最大吸收波长为 465 nm。它能与蛋白质的疏水微区相结合，这种结合具有高敏感性。当与蛋白质结合形成复合物时，它呈蓝色，其最大吸收波长为 595 nm。在一定浓度范围内，吸光度值与蛋白质浓度成正比，故可用于测定蛋白质浓度(含量)。K^+、Na^+、Mg^{2+} 等阳离子以及乙醇等物质对测定无影响，而去污剂(如 SDS)等会严重干扰测定。

【试剂与器材】

1. 0.9%NaCl 溶液

称取 0.9 g 的 NaCl，在烧杯中用少量蒸馏水将其溶解后，定容至 100 mL。

2. 标准蛋白质溶液

牛血清白蛋白(0.1 mg/mL)，准确称取牛血清白蛋白 0.1 g，用 0.9%NaCl 溶液溶解并稀释至 1 000 mL。

3. 染液

考马斯亮蓝 G-250(0.01%)，称取 0.1 g 考马斯亮蓝 G-250，溶于 50 mL 95%乙醇中，再添加 100 mL 浓磷酸，然后添加蒸馏水，定容至 1 000 mL。

4. 样品

取蛋白质溶液，用 0.9%NaCl 溶液稀释至一定浓度。

5. 器材

可见分光光度计，移液枪和试管。

【操作步骤】

1. 标准曲线的绘制

取 7 支干净试管，编号，按表 6-5 加入试剂，混匀，在室温中静置 3 min，以试管 1 为空白，于波长 595 nm 处比色，读取吸光度值为纵坐标，各标准蛋白质浓度(μg/mL)为横坐标，绘制标准曲线。

表 6-5　考马斯亮蓝法测定蛋白质含量的标准曲线

试剂	试管 1	试管 2	试管 3	试管 4	试管 5	试管 6	试管 7
标准蛋白质溶液/mL	0	0.1	0.2	0.3	0.4	0.6	0.8
0.9%NaCl 溶液/mL	1.0	0.9	0.8	0.7	0.6	0.4	0.2
考马斯亮蓝染液/mL	4.0	4.0	4.0	4.0	4.0	4.0	4.0
标准蛋白质浓度/(μg/mL)	0	10	20	30	40	60	80

2. 样品测定

另取 1 支干净试管，添加 1.0 mL 样品液及 4.0 mL 考马斯亮蓝染液，混匀，室温静置 3 min，于波长 595 nm 处比色，读取吸光度值，依据标准曲线即可求出待测样品蛋白质含量。如果样品已稀释，结果要乘以稀释倍数。

【注意事项】

①不可使用石英比色皿(因其不易洗去颜色)，宜用玻璃比色皿。使用后，需用 95%乙醇尽快荡洗，以洗去颜色。

②最好在添加试剂后的 5～30 min 完成比色，该时间内的颜色最稳定。若放置时间过长，考马斯亮蓝 G-250 与蛋白质形成的复合物就会凝集沉淀，影响测定结果。

【思考题】

1. 根据实验原理，比较以上五种蛋白质含量测定方法的优缺点。

2. 如何正确使用分光光度计？可见分光光度计与紫外分光光度计的使用有什么区别？

实验三　血尿素氮的测定

二乙酰一肟法

【实验目的】

1. 掌握二乙酰一肟法测定血尿素氮的原理及操作方法。
2. 了解血尿素氮测定的临床意义及正常范围值。

【基本原理】

血尿素氮(blood urea nitrogen,BUN)大部分由肝脏将蛋白质分解而来的氨或从大肠吸收的氨合成。血尿素氮浓度是衡量畜禽氨基酸需要量的一个很灵敏的参考指标,也是肾功能变化的一个重要指标。血尿素氮的测定方法有多种,其中以二乙酰一肟法和脲酶法最为常用。脲酶法准确性高,为高精度实验的良好方法,但操作过于烦琐、费时,难以普及。二乙酰一肟法不失为一种较简便、准确可行的方法。

尿素与二乙酰一肟在酸性环境中加热,经 Fe^{3+} 的催化,在氨基硫脲的存在下缩合生成红色的二嗪化合物(4,5-二甲基-2-氧咪唑),颜色的深浅与尿素含量成正比。用该颜色可直接测定血清或血浆中尿素氮的含量,而不必先除去血浆蛋白质。添加氨基硫脲既能提高该法的灵敏度,又能增加显色的稳定性(增加红色化合物对光的稳定性)。

血尿素氮的测定与非蛋白质氮(NPN)测定意义几乎相同,但比 NPN 测定简便得多,故临床上逐步以血尿素氮的测定取代 NPN 测定。

【试剂与器材】

1. 尿素显色剂

(1)A 液　将 H_2SO_4(AR)50 mL、H_3PO_4(AR)50 mL 缓缓倒入 800 mL 水中,再添加 100 g/L $FeCl_3 \cdot 6H_2O$ 溶液 0.05 mL,最后移入 1 000 mL 容量瓶,加水至刻度。

(2)B 液　氨基硫脲 0.4 g,二乙酰一肟 2.0 g,加水溶解,最后定容至 100 mL。将 A 液与 B 液等量混合后,置于冰箱中保存。

2. 尿素标准贮存液

称取干燥尿素 1.072 g,加水溶解,定容至 100 mL。

3. 尿素标准应用液

称取 4 mL 贮存液,准确加水稀释至 100 mL。该应用液的尿素浓度为 7.14 mmol/L。

4. 实验样品

动物血清。

5. 器材

分光光度计、电炉和移液枪。

【操作步骤】

取 3 支试管，编号，按表 6-6 加入试剂。

表 6-6　血尿素氮的显色反应　　mL

试剂	空白管	标准管 B	测定管 A
血清	0.0	0.0	0.1
尿素标准应用液	0.0	0.1	0.0
尿素显色剂	6.1	6.0	6.0

混匀后，置于沸水浴中 12 min，取出置流水中冷却 5 min。之后，用 520 nm 波长，以空白管调“0”，测定吸光度值。

【计算】

$$血清尿素浓度(mmol/L)=(A_{测定}/B_{标准})\times 标准管尿素浓度(7.14\ mmol/L)$$

比色应在 0.5 h 内完成；若超过 2 h 比色，则会因吸光度下降而影响结果准确性。

【思考题】

1. 临床上测定血尿素氮有何意义？
2. 在尿素显色液中添加氨基硫脲及 Fe^{3+} 的作用是什么？

第七章 核酸实验

实验一 动物组织 DNA 提取

一、盐溶法

【实验目的】

掌握盐溶法从动物组织中分离 DNA 的原理与方法。

【基本原理】

核酸和蛋白质是构成生物有机体的主要成分。核酸分为脱氧核糖核酸(deoxyribonucleic acid,DNA)和核糖核酸(ribonucleic acid,RNA),前者主要存在于细胞核中。

提取 DNA 的方法很多,其中盐溶法较为常用。该法根据 DNA 核蛋白和 RNA 核蛋白在不同浓度盐溶液中的不同溶解度来进行分离提取。实验证明,在 0.15 mol/L NaCl 溶液中,DNA 核蛋白的溶解度最小,仅为其在纯水中的 1%左右,而 RNA 核蛋白的溶解度最大。在 1 mol/L NaCl 溶液中,DNA 核蛋白的溶解度增大,至少是其在纯水中的 2 倍,而 RNA 核蛋白的溶解度则明显下降。利用该性质即可把两种核蛋白分开,以利于后续的提取。

由于核酸极不稳定,在较剧烈的化学、物理因素和酶的作用下,核酸很容易被降解,因此在制备过程中应避免过酸、过碱及其他能引起核酸降解的因素。由于组织中广泛存在脱氧核糖核酸酶(deoxyribonuclease,DNase),故提取全过程应在低温下(4 ℃以下)操作,还可加入柠檬酸盐、乙二胺四乙酸(ethylenediaminetetra-acetic acid,EDTA)等核酸酶的抑制剂(可螯合除去 DNase 活性所需的 Mg^{2+}),以防止其产生降解作用。

在分离得到 DNA 核蛋白后,需通过这些步骤纯化 DNA:首先,加入十二烷基硫酸钠(sodium dodecylsulfate,SDS),使蛋白质变性;其次,用含有异戊醇的氯仿除去变性的蛋白质或采用苯酚将蛋白质除去,以得到游离的 DNA;最后,利用 DNA 微溶于水而不溶于有机溶剂的性质,用预冷的 95%乙醇从溶液中沉淀析出 DNA。

DNA 分子大而长,其水溶液呈黏稠状,可用玻璃棒搅缠收集。为了获得大的 DNA 分子,在实验中应尽量避免剧烈振荡、用力过猛;不可用口径小的滴管、吸头吸取转移 DNA 溶液。

实验动物的胸腺、肝脏、脾、肾、精子以及植物叶片与种子、细菌等都是实验室中提取 DNA 常用的材料。

【试剂与器材】

1. 0.15 mol/L NaCl-0.015 mol/L 柠檬酸钠溶液(pH 7.0)

称取 8.77 g NaCl、4.41 g 柠檬酸钠,用蒸馏水溶解,调节 pH 至 7.0,稀释至 1 000 mL。

2. 0.15 mol/L NaCl-0.1 mol/L EDTA-Na_2溶液(pH 8.0)

称取 8.77 g NaCl、37.2 g EDTA-Na_2,溶于 800 mL 蒸馏水中,以 0.1 mol/L NaOH 调至 pH 8.0,最后定容至 1 000 mL。

3. 5 mol/L NaCl

称取 292.2 g NaCl,溶于 800 mL 蒸馏水中,最后定容至 1 000 mL。

4. 质量体积分数为 5%的 SDS 溶液

称取 5 g SDS,至 100 mL 的 45%乙醇中溶解。

5. 氯仿-异戊醇混合液

将氯仿与异戊醇按 24∶1 的体积比配制。

6. 其他试剂

95%乙醇和 75%乙醇。

7. 实验样品

鸡、兔等动物的肝脏。

8. 器材

组织捣碎机(玻璃匀浆器)、移液管、离心机、锥形瓶、天平、容量瓶、剪刀和玻璃棒。

【操作步骤】

1. 实验动物的饥饿处理

该实验以鸡或兔肝脏为材料。实验前,实验动物应饥饿 12 h 以上(不能超过 24 h,可提供饮水),避免肝糖原干扰实验。

2. 制备冰盐水

在 500 mL 的烧杯中放入 1/3 体积的冰,添加少量的水及约 20 g 食盐,搅拌制成冰盐水。

3. 肝组织分离

为实验动物注射经批准的麻醉剂,确保其快速、无痛地死亡后,颈部放血,迅速开腹,取出肝脏。将肝脏浸入预先在冰盐水中冷却的 0.15 mol/L NaCl-0.015 mol/L 柠檬酸钠溶液中,以去除脂肪、血块等杂物,再用预冷的该溶液反复洗几次,直至组织无血,称取 10 g 肝组织。

4. DNA 的提取

①在低温下,先迅速把洗净的组织剪成碎块后,放至 10 mL 0.15 mol/L NaCl-0.015 mol/L 柠檬酸钠溶液中,在组织捣碎机中迅速捣成匀浆,再用玻璃匀浆器匀浆 2～3 次,使细胞破碎,最后加入缓冲液至 50 mL。

②将组织匀浆在 4 ℃下经 6 000 r/min 离心 15 min,弃上清液(可用于制备 RNA)。往沉淀物中再加入 2 倍体积预冷的 0.15 mol/L NaCl-0.015 mol/L 柠檬酸钠溶液,搅匀、离心,弃上清液。如此操作,重复 2 次。

③将离心后所得沉淀物重悬于 5 倍沉淀物体积、pH 8.0 的 0.15 mol/L NaCl-0.1 mol/L EDTA-Na_2溶液中,边搅拌边缓慢滴加 5% SDS 溶液,直至 SDS 的最终浓度达到 1%。再边搅

拌边缓慢滴加 5 mol/L NaCl 溶液，使其最终浓度达到 1 mol/L，继续搅拌，此时可见该溶液由黏稠变稀薄。

④将上述混合溶液倒入 300 mL 磨口三角瓶，添加等体积的氯仿-异戊醇，剧烈振荡 20 min，再于室温中经 3 000 r/min 离心 10 min。此时离心管中分为三层：上层为水溶液、中层为变性蛋白质、下层为氯仿-异戊醇。

吸出上层水溶液后，添加等体积的氯仿-异戊醇，剧烈振荡 20 min，再于室温中经 3 000 r/min 离心 10 min。如此重复，直至中层变性蛋白质层消失。

⑤在最后一次离心后，小心吸取上层水溶液，记录体积，移入小烧杯，添加 2 倍体积预冷的 95%乙醇(加入时，用滴管吸取乙醇)，边加边用玻璃棒慢慢朝一个方向在烧杯内搅拌。此时可不断见到有黏稠状物质(即 DNA)逐渐缠于玻璃棒上。持续滴加乙醇并慢慢搅拌，直至不再有该黏稠状物质出现。

⑥将所得 DNA 样品用 75%乙醇洗 2 次，经真空抽干后称重，计算产率。

【注意事项】

①尽量简化操作步骤，缩短提取过程，减少各种有害因素对核酸的破坏。

②核酸在剧烈的化学、物理因素或酶的作用下易降解，因此制备核酸的操作条件要求低温，避免过酸、过碱或机械剪切力对核酸链中磷酸二酯键的破坏。

③为防止细胞内外的各种核酸酶对核酸的生物降解，提取过程除保持低温操作外，必要时可添加抑制剂，如柠檬酸盐、氟化物、砷酸盐和 EDTA 等，抑制 DNA 酶活性。

④沉淀 DNA 通常使用冰乙醇，也可用异丙醇，能使其沉淀完全、速度快，但常把盐沉淀析出。

【思考题】

1. 根据核酸在细胞内的分布、存在方式及其特性，提取过程可以采取什么相应的措施？
2. 氯仿-异戊醇的作用是什么？

二、酚-氯仿法

【实验目的】

1. 了解酚-氯仿法提取动物组织中 DNA 的基本原理。
2. 掌握动物组织中 DNA 提取的基本操作过程。

【基本原理】

核酸和蛋白质是构成生物有机体的主要成分。核酸分为脱氧核糖核酸(DNA)和核糖核酸(RNA)，前者主要存在于细胞核中。

在细胞中，DNA 与蛋白质形成脱氧核糖核蛋白，RNA 与蛋白质形成核糖核蛋白。在提取过程中，这两种核蛋白会混合。在裂解细胞的过程中，一般加入蛋白酶 K，它是 DNA 提取的关键试剂，旨在酶解与核酸结合的组蛋白，使 DNA 裸露于溶液中，随后用不同方法进行抽提，除去杂质,收集 DNA。

提取 DNA 的方法很多,最常用的 DNA 制备方法是酚-氯仿法。该方法利用 DNA 可溶于水、不溶于有机溶剂的性质进行分离。水饱和酚可使蛋白质变性,蛋白质分子表面极性基团可与苯酚相溶;而 DNA 则溶于水相,不溶于有机溶剂。氯仿加速有机相与水相分层,随后使用氯仿抽提的方法去除核酸溶液中的酚。在高浓度乙醇中,DNA 溶解度很低,往水相中添加 2.5 倍体积的无水乙醇可使 DNA 沉淀分离,最终使用无 DNA 酶水溶解,获得 DNA 溶液。

【试剂与器材】

1. 样品

称取新鲜或−80 ℃保存的鸡或兔肝脏,实验前,实验动物应饥饿 12 h 以上(不能超过 24 h,可提供饮水),避免肝糖原干扰实验。

2. 裂解液

量取 1 mol/L Tris-HCl(pH 8.0)5 mL、1.5 mol/L NaCl 50 mL、10% SDS 5 mL、0.5 mol/L EDTA 10 mL,充分搅拌后,添加双蒸水,定容至 500 mL,高压灭菌,置于室温中保存。

3. 水饱和酚

称取 2 份新蒸馏的苯酚,添加 1 份蒸馏水(体积比),放入分液漏斗中剧烈摇动后,在暗处静置若干时间(7~10 h),待分层后,取下层清液备用。贮存于棕色瓶中,暗处保存。

4. 20 mg/mL 蛋白酶 K 溶液

购买蛋白酶 K,根据用量利用超纯水配制。

5. 70%乙醇

取 7 份无水乙醇和 3 份纯水混匀,在−20 ℃的温度下提前预冷。

6. 1 mol/L Tris-HCl(pH 8.0)

称量 12.11 g 的 Tris (MW 121.14),溶于 60 mL 纯水(可加热助溶)中,使用 HCl 将 pH 调至 8.0,最后定容至 100 mL。

7. 1.5 mol/L NaCl

称量 8.77 g 的 NaCl(MW 58.44),溶于 80 mL 蒸馏水中,最终定容至 100 mL。

8. 质量体积分数为 10%的 SDS 溶液

称量 10 g SDS,溶于 100 mL 的纯水中。

9. 0.5 mol/L EDTA

称量 EDTA-Na_2 · $2H_2O$ 37.22g 溶于 150 mL 双蒸水中,用 NaOH 调 pH 至 8.0,此时粉末完全溶解,定容至 200 mL,高压灭菌。

10. 其他试剂

氯仿和异戊醇。

11. 器材

组织捣碎机(或玻璃匀浆器)、移液枪、离心管、离心机、锥形瓶、天平和剪刀。

【操作步骤】

①取 100 mg 肝脏剪碎放入研钵,添加 1 mL 预冷的细胞裂解液,在预冷的玻璃匀浆器中

匀浆 2～3 次，使细胞破碎。

②将组织匀浆转入离心管，添加 20 mg/mL 蛋白酶 K 溶液 1 μL ，使最终浓度为 20 μg/mL，混匀，55 ℃水浴消化过夜，确保细胞充分裂解。

③在室温冷却后，经 12 000 r/min 离心 10 min，取 700 μL 上清液转移至新的 1.5 mL 离心管中，添加等体积的水饱和酚，颠倒混匀。

④在 4 ℃的温度下，经 12 000 r/min 离心 10 min，取水相转移至新的 1.5 mL 离心管中，添加等体积的酚-氯仿-异戊醇(体积比为 25∶24∶1)混合液，颠倒混匀。

⑤在 4 ℃的温度下，12 000 r/min 离心 10 min，取水相转移至新的 1.5 mL 离心管中，添加等体积的氯仿-异丙醇(体积比为 24∶1)混合物，颠倒混匀。

⑥在 4 ℃的温度下，经 12 000 r/min 离心 10 min，取水相转移至新的 1.5 mL 离心管中，添加 2.5 倍体积的预冷无水乙醇，轻轻颠倒混匀，直至白色絮状 DNA 析出，−20 ℃冰柜放置 10 min。

⑦在 4 ℃的温度下，12 000 r/min 离心 10 min，弃上清液。往 DNA 沉淀中添加 600 μL 预冷的 70%乙醇，颠倒混匀后，洗涤 DNA 沉淀。

⑧随后在 4 ℃的温度下，经 12 000 r/min 离心 10 min，弃去上清液。在室温下，置于超净工作台风干，但应防止过度干燥，加入适量的纯水溶解沉淀，获得纯化后的 DNA 样品溶液。

【注意事项】

同盐溶法的注意事项。

【思考题】

1. 裂解液中为什么要添加蛋白酶 K?
2. 乙醇在本实验中有何作用？使用时应做好什么准备？
3. 使用水饱和酚时应注意什么？
4. 采用该法纯化的 DNA 是否为单一的细胞核的 DNA？为什么？

实验二 DNA 的定量测定

二苯胺法

【实验目的】

掌握用二苯胺法定量测定 DNA 含量的原理与方法。

【基本原理】

在酸性环境中加热，DNA 被水解为嘌呤、脱氧核糖和脱氧嘧啶核苷酸。其中脱氧核糖在酸性条件下脱水生成 ω-羟基-γ-酮基戊糖，后者与二苯胺作用呈现蓝色，在 595 nm 处有最大光吸收。当样品中 DNA 的含量在 40～400 μg 时，光密度与 DNA 的浓度成正比。

样品含有少量的 RNA 不影响测定结果，但是蛋白质、脱氧核糖、阿拉伯糖和芳香醛等能与二苯胺形成各种有色物质，这些有色物质会干扰结果。在反应中加入少量乙醛，可以提高反应灵敏度。

【试剂与器材】

1. DNA 标准溶液

称取 DNA(钠盐)，用 0.02 mol/L NaOH 溶液配成 200 μg/mL 的溶液。

2. 二苯胺试剂

称取 1 g 结晶二苯胺，溶于 100 mL 分析纯的冰乙酸中，再添加浓度不低于 60%的过氯酸 10 mL，混匀待用。临用前，加入 1 mL1.6%乙醛溶液，制得的试剂应为无色。

3. 样品测定

准确称取干燥的 DNA 制品，用 0.02 mol/L NaOH 溶液配成 100 μg/mL 左右的溶液。

4. 器材

试管与试管架、吸量管与洗耳球、可见分光光度计、移液枪和天平等。

【操作步骤】

1. DNA 标准曲线的制作

①取 6 支洁净干燥的试管，按表 7-1 加入试剂。

②混匀后，于 60 ℃水浴中保温 1 h。

③冷却至室温后，用分光光度计测定吸光度值 $A_{595\ nm}$，并记录在表 7-1 中。

④以 DNA 浓度为横坐标，吸光度值 $A_{595\ nm}$ 为纵坐标，绘制标准曲线。

2. 样品 DNA 含量测定

①取 2 支试管，各添加 2 mL 待测溶液，再各添加 4 mL 二苯胺试剂。

②混匀后，于 60 ℃水浴中保温 1 h。

③冷却至室温后，用分光光度计测定吸光度值 $A_{595\ nm}$，并记录在表 7-1 中。

④对照标准曲线计算样品中 DNA 的含量。

表 7-1　DNA 的呈色反应　　mL

试剂与吸光度值	试管 1	试管 2	试管 3	试管 4	试管 5	试管 6	样品 1	样品 2
标准 DNA 溶液	—	0.4	0.8	1.2	1.6	2.0	2.0	2.0
蒸馏水	2.0	1.6	1.2	0.8	0.4	—	—	—
二苯胺试剂	4.0	4.0	4.0	4.0	4.0	4.0	4.0	4.0
$A_{595\ nm}$								

【注意事项】

①待测溶液内含 DNA 量应调整至标准曲线可测定范围内。

②二苯胺法测定 DNA 含量灵敏度不高，如测样品中的 DNA 含量低于 50 mg/L，则难以测定。添加乙醛既可增加二苯胺测定 DNA 的显色量，又可减少脱氧木糖和阿拉伯糖等对 DNA 的干扰，能显著提高测定 DNA 的灵敏度。

③样品中含有少量 RNA 并不影响测定，但因蛋白质、多种糖及其衍生物、芳香醛和羟基

醛等能与二苯胺反应形成有色化合物，故能干扰测定 DNA 的含量。

【计算】

$$\text{DNA 含量}=\frac{\text{待测溶液中测得 DNA 质量}(\mu g)}{\text{待测溶液中样品质量}(\mu g)}\times 100\%。$$

【思考题】

1. 如何定性判断某些样品是否含有核酸？

2. 在实验中添加乙醛的目的是什么？

3. 除使用坐标值绘制标准曲线外，试着使用 Excel 软件绘图并生成 DNA 含量的计算公式。

实验三　RNA 的定量测定

地衣酚法

【实验目的】

掌握用地衣酚法定量测定 RNA 含量的原理与方法。

【基本原理】

当核糖核酸（RNA）与浓盐酸共热时，即发生降解，产生的核糖继而转变为糖醛，后者与 3,5-二羟基甲苯（地衣酚，orcinol）发生缩合反应，产物呈鲜绿色，并于 670 nm 处有最大光吸收。当 RNA 溶液的浓度在 20～200 μg/mL 时，光密度与浓度呈线性关系，所以用该方法可以测定 RNA 含量。

该反应需用三氯化铁或氯化铜作为催化剂。该方法的缺点是特异性不高，凡含有戊糖的化合物均能发生此反应，如 DNA 等。因此，测定 RNA 时应尽量除去干扰物。

【试剂与器材】

1. 10×RNA 标准溶液

称取 40 mg RNA，用 0.1 mol/L NaOH 溶液溶解后，定容至 100 mL，该溶液需先稀释 10 倍再使用。

2. 地衣酚试剂

(1)A 液　10 mg $FeCl_3\cdot 6H_2O$ 溶于 6 mL 水中，添加 94 mL 浓盐酸。

(2)B 液　6% 3,5-二羟基甲苯溶液（无水乙醇配制）。

临用前，取 100 mL A 液＋3.5 mL B 液，混匀。

3. 器材

试管与试管架、吸量管与洗耳球、分光光度计、移液枪和天平等。

【操作步骤】

1. RNA 标准曲线的制作

①取 6 支洁净干燥的试管，按表 7-2 加入试剂。

②各试管混匀后，于沸水浴中加热 20 min。

③取出，用自来水冷却。

④试管 1 作为空白对照，用分光光度计测定吸光度值 $A_{670\ nm}$，并记录在表 7-2 中。

⑤以 RNA 浓度为横坐标，吸光度值 $A_{670\ nm}$ 为纵坐标，绘制标准曲线。

表 7-2　RNA 呈色反应的标准曲线　　mL

试剂与吸光度值	试管 1	试管 2	试管 3	试管 4	试管 5	试管 6	样品 1	样品 2
标准 RNA 溶液	—	0.4	0.8	1.2	1.6	2.0	2.0	2.0
蒸馏水	2.0	1.6	1.2	0.8	0.4	—	—	—
地衣酚试剂	3.0	3.0	3.0	3.0	3.0	3.0	3.0	3.0
$A_{670\ nm}$								

2. 样品中 RNA 的含量测定

①取 2 支试管，各添加 2 mL 待测溶液及 4 mL 地衣酚试剂。

②各试管混匀后，于沸水浴中加热 20 min。

③取出，用自来水冷却。

④用分光光度计测定吸光度比值 $A_{670\ nm}$，并记录在表 7-2 中。

⑤对照标准曲线计算样品中 RNA 的含量。

【计算】

$$\text{RNA 含量} = \frac{\text{待测溶液中测得 RNA 质量}(\mu g)}{\text{待测溶液中样品质量}(\mu g)} \times 100\%$$

【注意事项】

①不同来源的 RNA 用地衣酚法测定含量均存在误差，且误差大小不同。最好用与被测样品相同来源的纯化 RNA 作 RNA-核糖标准曲线，再从曲线中求得被测样品 RNA 含量。

②待测溶液内含 RNA 量应调整至标准曲线可测定范围。

【思考题】

1. 地衣酚法特异性强吗？你认为应从哪些方面考虑提高测定的准确性？

2. 在利用地衣酚法测定 RNA 含量时，排除样品中 DNA 污染的干扰的方法有哪些？

实验四　紫外分光光度法测定核酸的含量及纯度

【实验目的】

1. 学习紫外分光光度法测定核酸含量的原理与方法。
2. 熟悉微量紫外分光光度计的基本原理和使用方法。

【基本原理】

在核酸、核苷酸及其衍生物的分子结构中，嘌呤、嘧啶碱基具有共轭双键系统（—C═C—C═C—），能够强烈吸收 250～280 nm 波长的紫外线。核酸（DNA、RNA）的最大紫外吸收值在 260 nm 处。遵照朗伯-比尔定律，可利用紫外光吸收值的变化来测定 DNA 或 RNA 的含量。同理，在蛋白质中，含苯环的氨基酸具有共轭双键，其最大紫外吸收值在 280 nm 处，借此可利用该性质定量分析蛋白质含量，且 A_{260}/A_{280} 的值可用于检查核酸样品的纯度：DNA 样品 $A_{260}/A_{280}\geqslant1.8$ 或 RNA 样品 $A_{260}/A_{280}\geqslant2.0$，表明纯度较高；反之，若 DNA 样品 $A_{260}/A_{280}<1.8$ 或 RNA 样品 $A_{260}/A_{280}<2.0$，表明存在蛋白质或酚类物质污染。此外，A_{230} 是碳水化合物最高吸收峰的吸收波长，A_{260}/A_{230} 的值是检验核酸纯度的另一项重要指标：DNA 或 RNA 样品 $A_{260}/A_{230}\geqslant2.0$，表明纯度较高；$A_{260}/A_{230}<2.0$，表明存在碳水化合物（糖类）、盐类或有机溶剂污染，需要进一步纯化样品。

在不同 pH 溶液中，嘌呤、嘧啶碱基互变异构的情况不同，紫外吸收光也随之表现出明显的差异，其摩尔吸光系数也随之不同，所以测定核酸物质均应在固定的 pH 溶液中进行。

核酸的摩尔吸光系数（或吸收系数）通常以 $\varepsilon(\rho)$ 来表示，即每升含有 1 摩尔核酸的溶液在 260 nm 波长处的吸光值（即光密度或称为光吸收）。核酸的摩尔吸光系数不是一个常数，而是依赖于材料的前处理、溶液的 pH 和离子强度等发生变化。它们的经典数值（pH 为 7.0）如下：

$$\text{DNA 的 }\varepsilon(\rho)=6\ 000\sim8\ 000$$
$$\text{RNA 的 }\varepsilon(\rho)=7\ 000\sim10\ 000$$

小牛胸腺 DNA 钠盐溶液（pH＝7.0）的 $\varepsilon(\rho)=6\ 600$，DNA 含磷量为 9.2%，含 1 μg/mL DNA 钠盐的溶液光密度为 0.020。RNA 溶液（pH 为 7.0）的 $\varepsilon(\rho)=7\ 700\sim7\ 800$，RNA 含磷量为 9.5%，含 1 μg/mL RNA 溶液光密度为 0.022～0.024。采用紫外分光光度法测定核酸含量通常规定：在 260 nm 波长下，浓度为 1 μg/mL 的 DNA 溶液光密度为 0.020，而浓度为 1 μg/mL 的 RNA 溶液光密度为 0.024。因此，测定未知浓度的 DNA（RNA）溶液光密度 $OD_{260\ nm}$，即可计算其中核酸的含量。

紫外分光光度法简单、快速、灵敏度高，如核酸 3 μg/mL 的含量即可测出。用该法测定含有微量蛋白质和核苷酸等吸收紫外光物质的核酸样品，误差较小；若样品内混杂大量的上述吸收紫外光物质，用该法测定的误差就较大，应设法预先除去。

由于降解或水解作用，核酸的光密度可以增高约 40%，这就是众所周知的增色效应。在大分子的核酸中，氢键和 π-键相互作用改变了碱基的共振行为。因此，核酸的光密度低于构成它的核苷酸的光密度，该现象被称为减色效应。

【试剂与器材】

1. 核酸样品

DNA 或 RNA。

2. 5%～6%氨水

用 25%～30%氨水稀释 5 倍。

3. 钼酸铵-过氯酸试剂

称取 3.6 mL 70%过氯酸和 0.25 g 钼酸铵，溶于 96.4 mL 蒸馏水中。

4. 器材

紫外分光光度计、Nanodrop 微量分光光度仪、离心机、分析天平、容量瓶和移液枪。

【操作步骤】

1. 核酸样品纯度的测定

准确称取 0.5 g 待测的核酸样品，加少量蒸馏水（或无离子水）调成糊状，再添加适量的水，用 5%～6%氨水调至 pH 7，定容至 50 mL。

取 2 支离心管，往甲管中添加 2 mL 样品溶液和 2 mL 蒸馏水；往乙管中添加 2 mL 样品溶液和 2 mL 钼酸铵-过氧酸沉淀剂（沉淀除去大分子核酸，作为对照），混匀，在冰浴（或冰箱）中放置 30 min，经 3 000 r/min 离心 10 min。从甲、乙两管中分别取 0.5 mL 上清液，用蒸馏水定容至 50 mL。选用光程为 1 cm 的石英比色杯，以蒸馏水调至“0”，在 260 nm 波长下测其光密度值。

2. 核酸溶液含量的测定

当待测的核酸样品中含有酸溶性核苷酸或可透析的低聚多核苷酸时，测定需添加钼酸铵-过氯酸沉淀剂，沉淀除去大分子核酸。

取 2 支离心管，每管各添加 2 mL 待测的核酸溶液，再向甲管添加 2 mL 蒸馏水，向乙管添加 2 mL 沉淀剂，混匀，在冰浴（或冰箱）中放置 10 min，3 000 r/min 离心 10 min。将甲、乙两管清液分别稀释至光密度为 0.1～1.0。选用光程为 1 cm 的石英比色杯，以蒸馏水调至“0”。在 260 nm 波长下测其光密度 $OD_{260\ nm}$。

如果待测的核酸样品不含酸溶性核苷酸或可透析的低聚多核苷酸，则可将样品配制成具有一定浓度的溶液（20～50 μg/mL），将其放在紫外分光光度计上直接测定。

【计算】

1. 核酸样品纯度的计算

$$\text{DNA(或 RNA)含量}(\mu g/mL)=\frac{OD_{260\ nm(甲)}-OD_{260\ nm(乙)}\times 100}{0.020(\text{或 }0.024)\times \text{样品浓度}}\times \text{稀释倍数}$$

$$\text{DNA(或 RNA)样品浓度}=\frac{0.5\ g}{50\times\frac{4}{2}\times\frac{50}{0.5}}=50(\mu g/mL)$$

2. 核酸溶液含量的计算

$$\text{DNA(或 RNA)含量}(\mu g/mL)=\frac{OD_{260\ nm(甲)}-OD_{260\ nm(乙)}\times 100}{0.020(\text{或 }0.024)}\times\text{稀释倍数}$$

3. 利用直接测定法进行验证

利用 Nanodrop 微量分光光度仪直接检测核酸含量，将检测结果与上述计算结果对比，记录 $A_{260\ nm}/A_{280\ nm}$ 的值及 $A_{260\ nm}/A_{230\ nm}$ 的值，分析核酸溶液的纯度。

【思考题】

1. 采用紫外分光光度法测定样品的核酸含量，有何优点及缺点？
2. 若样品中含有核苷酸类杂质，应如何校正？
3. 通过 $A_{260\ nm}/A_{280\ nm}$ 的值，如何分析 RNA 中是否存在 DNA 污染或 DNA 中是否存在 RNA 污染？

实验五　总 RNA 的提取及反转录合成 cDNA

【实验目的】

1. 掌握细胞总 RNA 的提取原理与方法。
2. 掌握反转录合成 cDNA 的方法与技术。

【基本原理】

RNA 的制备与分析对于了解基因表达在转录水平上的调节必不可少，也是通过互补 DNA(complementary DNA，cDNA)途径分析细胞基因表达的前提。细胞内大部分 RNA 与蛋白质结合，且多以核蛋白的形式存在，因此分离制备 RNA 时，RNA 应与蛋白质解离，并除去蛋白质。由于 RNA 的种类来源和存在形式不同，所用的制备方法也不尽相同。常用的方法有盐酸法、稀碱法和苯酚法，其中以苯酚法使用较为广泛。在所有 RNA 实验中，实验失败的主要原因是核糖核酸酶(RNA 酶)的污染。

Trizol 是一种由苯酚和异硫氰酸胍配制而成的单相快速抽提总 RNA 的试剂。在匀浆和细胞裂解过程中，能抑制外源或内源性 RNA 酶活性，保护 RNA 的完整性。经氯仿抽提、离心后，RNA 处于上层水相中。由于 RNA 不溶于有机试剂，此时，使用异丙醇沉淀 RNA，再用 75%乙醇洗涤沉淀，即可获得较为纯净的总 RNA。

通常一个典型的哺乳动物细胞含 5～10 μg 总 RNA，肝脏、脾脏等组织细胞 RNA 含量较多，而脂肪细胞 RNA 含量极低，较难获得。总 RNA 绝大部分由 rRNA 及 tRNA 构成，而 mRNA 仅占 1%～5%，却编码了绝大部分多肽。该实验目的是对细胞总 RNA 中的 mRNA 进行分析。在提取组织或细胞中总 RNA 后，利用 mRNA 3′末端均携带一段较长的多腺苷酸链[poly(A)尾]的特性，采用 Oligo(dT)$_{18}$ 引物或随机引物，以 mRNA 为模板，利用逆转录酶逆转录成一条单链 DNA。该 DNA 与 mRNA 互补，称为 cDNA。所有合成第一链 cDNA 的方法均须依赖 RNA 模板的 DNA 聚合酶，由逆转录酶催化。若 cDNA 要依赖高质量的 RNA，就应保证每种 RNA 的全长和拷贝数，且 RNA 溶液中不含逆转录酶的抑制剂。一般而言，在逆转录中会首先去除可能存在的基因组 DNA(来源于 RNA 提取过程)，即先用 DNase I 处理 RNA 模板，消化 DNA；再将含有 DNase I 的处理产物进行 85 ℃热失活，而后进行逆转录，这样就可以保证反转录产物 cDNA 不受影响。该实验只进行 cDNA 第一链合成。该 cDNA 既可直接用作 PCR 的模板，又可用于 cDNA 第二链合成(双链 cDNA)。

【试剂与器材】

1. PBS(pH 7.4)

$Na_2HPO_4 \cdot 12H_2O$ 2.9 g、KH_2PO_4 0.2 g、NaCl 8 g、KCl 0.2 g，添加蒸馏水至 1 000 mL，高压灭菌。

2. DNase Ⅰ酶混合物

RNase-free DNase Ⅰ、10× DNase Ⅰ缓冲液 (100 mmol/L pH 7.5 Tris-HCl、25 mmol/L $MgCl_2$、1mmol/L $CaCl_2$)。

3. 引物

Oligo$(dT)_{20}$ 引物、随机引物。

4. 10×反转录缓冲液

500 mmol/L Tris-HCl (pH 8.3)、0.1 mol/L 二硫苏糖醇 (dithiothreitol, DTT)、30 mmol/L $MgCl_2$、RNA 酶抑制剂。

5. 其他试剂

Trizol 溶液、焦碳酸二乙酯(diethyl pyrocarbonate, DEPC)水、氯仿、异丙醇、70%乙醇、MMLV 逆转录酶(MMLV reverse transcriptase)、10 mmol/L dNPTs 和 RNase-free 水。

6. 器材

高速台式冷冻离心机、低速离心机、1.5 mL 离心管、冰盒、水浴锅、移液枪(10 μL、50 μL、200 μL、1 000 μL)及无菌枪头、培养皿、超净工作台、湿热灭菌锅、PCR 仪或金属浴或水浴锅、微量紫外分光光度计和玻璃匀浆器。

【操作步骤】

1. 总 RNA 的提取

(1)动物组织或细胞的破碎和裂解

①组织破碎及裂解：将新鲜或－80 ℃保存的动物组织(肌肉、肝脏等)剪碎放入研钵，添加少量液氮，迅速研磨，重复该操作，直至组织被磨成粉末状。称取研磨好的组织 0.1 g，放入 2 mL 玻璃匀浆器，添加 1 mL Trizol 充分匀浆，而后转移至 1.5 mL 离心管中。

②细胞破碎及裂解：取含有$(5\sim10)\times10^6$细胞的细胞液放入 1.5 mL 离心管，在 4 ℃的条件下，经 8 000 r/min 离心 10 min，去除上清培养基后，添加 1 mL Trizol 溶液悬浮沉淀细胞。

③由步骤①或步骤②得到的 Trizol 处理液于室温中静置 30 min，加入 0.2 mL 氯仿，充分振荡 2 min，于室温中静置 3 min，在 4 ℃的条件下，经 10 000 r/min 离心 15 min。

(2)离心　小心吸取无色上清液转移至另一个新的无菌 1.5 mL 离心管中，添加 0.5 mL 异丙醇，在室温下放置 10 min，在 4 ℃的条件下，经 10 000 r/min 离心 10 min(沉淀即为 RNA)。

(3)洗涤 弃去上清液,用 70%乙醇(400 μL)洗涤 RNA,在 4 ℃的条件下,再经 10 000 r/min 离心 5 min。

(4)干燥 小心弃去上清液,在超净工作台中风干或室温自然干燥,以去除残留的乙醇,不要干燥过分,否则会降低 RNA 的溶解度。

(5)保存 用 20 μL DEPC 水重悬浮干燥后的 RNA,使用微量紫外分光光度计在 OD_{260} nm 处检测总 RNA 样品的浓度及纯度,将其置于冰浴中,可立即用于 cDNA 的合成或置于−80 ℃长期保存。这里溶解 RNA 的 DEPC 水的量应根据样品提取到 RNA 的量而定,若是提取的 RNA 量较少,可以先用较小体积的 DEPC 水溶解。

2. 反转录合成 cDNA 第一链

(1)去除基因组 DNA 污染 往 0.2 mL 离心管中加入 1 μg RNA、1 μL DNase I 酶混合物,用 RNase-free 水补足,至 10 μL,而后用移液器轻轻吹打混匀,在 42 ℃的条件下孵育 2 min,迅速置于冰上冷却。

(2)逆转录 依据表 7-3 制备 cDNA 第一链反应体系合成液,其中随机引物可以提高 cDNA 制备的效率和特异性,扩大 cDNA 的覆盖面,能更好地反映样品的基因表达情况。在添加试剂后,混匀,在 50 ℃的条件下孵育 15 min,而后在 85 ℃的条件下 5 s 终止反应,获得第一链 cDNA。该 cDNA 可直接用作 PCR 的模板,也可用于 cDNA 第二链合成(双链 cDNA)。

表 7-3 cDNA 反转录反应体系 μL

试剂名称	体积
步骤(1)反应液	10
10×反转录缓冲液(含 0.1 mol/L DTT、RNA 酶抑制剂等)	2
逆转录酶	1
10 mmol/L dNTPs (10×)	2
20 μmol/L Oligo $(dT)_{20}$ 引物(20×)	1
20 μmol/L 随机引物(20×)	1
RNase-free 水	3

产物可立即用于 qPCR 反应或保存于−20 ℃的环境中,避免反复冻融。

【注意事项】

①所有的玻璃器皿均应在使用前于 180 ℃的高温下干烤 6 h 或更长时间。

②塑料器皿可用 0.1% DEPC 水浸泡或用氯仿冲洗(有机玻璃器具因可被氯仿腐蚀,故不能使用),用高压灭菌除去残留的 DEPC。不能高压灭菌的试剂应当用 DEPC 处理过的无菌双蒸水配制,然后经滤膜过滤除菌。

③所有自备的溶液均需使用 DEPC 水或 RNase-free H_2O 配制。

④操作人员戴一次性口罩、帽子以及手套。

【思考题】

1. 在提取动物组织 RNA 时,是否必须进行液氮研磨?

2. 为什么所有自备的溶液均须使用 RNase-free H_2O 配制？
3. 如何避免 RNA 样品中的 DNA 被污染？
4. 在实验过程中，如何防止 RNA 被降解？
5. 什么是 cDNA？如何制备？在操作过程中，应注意哪些细节？

第八章　维生素实验

实验一　维生素 B_2 的定量测定

荧光法

【实验目的】

1. 掌握荧光法测定核黄素的原理和方法。
2. 学习荧光分光光度计的操作和使用。

【基本原理】

维生素 B_2 又叫核黄素，属于水溶性维生素，在中性或酸性溶液中加热是稳定的。其生理功能主要与维生素 B_2 分子中异咯嗪上 1,5 位氮原子的活泼共轭双键有关，既可作为氢质子的供体，又可作为氢质子的受体。在动物体内以黄素腺嘌呤二核苷酸(flavin adenine dinucleotide, FAD)和黄素单核苷酸(flavin mononucleotide, FMN)两种形式参与氧化还原反应，起到了递氢体的作用，是机体中一些重要氧化还原酶的辅基。维生素 B_2 在奶类及其制品、动物肝肾、蛋黄等食物中含量丰富。

维生素 B_2(核黄素)是一种异咯嗪衍生物，其水与乙醇的中性溶液为黄色，且有很强的荧光，不过这种荧光在强酸和强碱中易被破坏。核黄素在 pH 为 4～9 的条件下用 450 nm 波长的光激发，会发出波长为 520 nm 的荧光。硫代硫酸钠可还原核黄素为无色，以此消除核黄素的荧光，进而测得样品的背景荧光。在核黄素的含量为 0.1～10 μg/mL 时，450 nm 波长下测定的荧光强度与核黄素浓度成正比。根据核黄素还原前后的荧光差值，维生素实验可测定核黄素的含量。

【试剂与器材】

1. 样品

核黄素片(5 mg/片)，含有核黄素的待测样品(如蛋黄粉、大豆粉等)。

2. 核黄素标准溶液(10 μg/mL)

取核黄素片 2 片(10 mg)，放入预先装有 50 mL 蒸馏水的 1 000 mL 容量瓶，添加 5 mL 6 mol/L 乙酸，再添加约 800 mL 蒸馏水，置于水浴中避光加热，直至溶解，冷却至室温，用蒸馏水定容至 1 000 mL，混匀。

3.其他试剂

连二亚硫酸钠、冰乙酸、0.1 mol/L 盐酸和 1 mol/L 氢氧化钠。

4.器材

荧光分光光度计、试管(15 mL×8)、移液管(10.0 mL×3,5.0 mL×1,1.0 mL×4)、量筒(100 mL×1)、容量瓶(100 mL×2)和三角瓶(125 mL×1)

【操作步骤】

1.绘制标准曲线

①取 6 支试管,编号,按表 8-1 顺序加入试剂并操作。

②上述各试管混匀,在波长 400～510 nm 处,用试管 1 中的标准溶液(2.5 μg/mL)作为参比溶液,调节荧光分光光度计的荧光强度读数至满刻度(100%),分别测定其他标准溶液的相对荧光强度 F_1,填入表 8-1。

③测定后,往每管测定的溶液中分别加入 10 mg 连二亚硫酸钠,混合溶解后,重新测定还原后的荧光强度 F_2,填入表 8-1。

④计算还原前后荧光强度之差,填入表 8-1。

表 8-1　标准管核黄素含量

试剂与荧光强度	试管 1	试管 2	试管 3	试管 4	试管 5	试管 6
核黄素标准溶液/mL	2.5	2.0	1.5	1.0	0.5	0.25
蒸馏水/mL	7.5	8.0	8.5	9.0	9.5	9.75
总体积/mL	10	10	10	10	10	10
含量/(μg/mL)	2.5	2.0	1.5	1.0	0.5	0.25
荧光强度 F_1						
荧光强度 F_2						
校正后荧光强度 F						

⑤每一个测定溶液的荧光强度读数校正公式为:

$$\text{校正后的荧光强度 } F=F_1-F_2\text{。}$$

以标准溶液校正后的荧光强度 F 为纵坐标,对应的核黄素含量为横坐标,绘制标准曲线。

2.样品的提取与测定

①称取含核黄素 5～10 μg 的均匀样品于锥形瓶中,添加 50 mL 0.1 mol/L 盐酸,置于高压下蒸煮 30 min。

②将样品冷却,用氢氧化钠调 pH 至 6.0(因核黄素在碱性溶液中不稳定,滴加碱液时边加边摇,避免局部碱性过强),再迅速用 1 mol/L 盐酸调 pH 至 4.5,使杂质沉淀。

③用水稀释至 100 mL 样品稀释液,用试管 1 中的标准溶液(2.5 μg/mL)作为参比溶液,调节荧光分光光度计的荧光强度读数至满刻度(100%),测定样品稀释液的相对荧光强度 F_1。测定后,往样品稀释液中加入 10 mg 连二亚硫酸钠,经混合溶解后,重新测定还原后荧光强度 F_2,计算校正后荧光强度 $F_{样品}$,即 $F_{样品}=F_1-F_2$。

④将样品溶液校正后的荧光强度 $F_{样品}$ 在标准曲线上查找，确定样品中核黄素的含量（由于样品处理时被稀释了 100 倍，实际样品中核黄素的含量应为标准曲线上查找所得数值乘以 100，单位为 μg/mL）。

【注意事项】

①在实际操作中，为节省时间，可先将样品处理好，与标准曲线的绘制同步进行。

②维生素 B_2 对热、氧气稳定，但见光易分解，所以所有操作过程尽可能避光。

③维生素 B_2 在碱性溶液中易失去荧光，在酸性溶液中较稳定，因此调节 pH 时，应注意搅拌，避免局部碱浓度过高，且维生素 B_2 的测定需保持在酸性环境下进行。

④添加还原剂（连二亚硫酸钠）后，应尽快测定，否则会出现浑浊，影响测定效果。

【思考题】

1. 维生素 B_2 与辅基有什么关系？它与哪些代谢有关？
2. 哪些物质含有丰富的维生素 B_2？维生素 B_2 的缺乏有哪些症状？
3. 影响维生素 B_2 荧光测定的关键因素有哪些？如何提高测定的精确度？

实验二 维生素 C 的提取和定量测定

2,6-二氯靛酚滴定法

【实验目的】

1. 熟悉维生素 C 定量测定法的原理。
2. 掌握 2,6-二氯靛酚滴定法的基本操作技能。

【基本原理】

维生素 C（vitamin C，vitC），又称抗坏血酸，属于六碳多羟基酸性化合物，为烯醇式己糖酸内酯，具有酯键，具备酯的化学性质，又具有烯醇式结构，还原性强，水溶液中可解离成氧化型抗坏血酸。维生素 C 有 *L* 型和 *D* 型的两种异构体，但只有 *L* 型有生理功效。在酸性环境中稳定存在，pH 以保持在 3～5 为宜。根据维生素 C 的化学特性，常用氧化还原滴定来测定其浓度。

2,6-氯靛酚滴定法以 2,6-二氯靛酚钠盐（$C_{12}H_6O_2NCl_2Na$）作为氧化剂，可氧化抗坏血酸，将自身还原为无色衍生物；而还原型抗坏血酸失去两个氢原子，氧化为氧化型抗坏血酸。2,6-二氯靛酚钠盐在碱性或中性水溶液中呈蓝色，在酸性溶液中呈桃红色。若无其他杂质干扰，样品提取液所还原的标准染料量与样品中所含的还原型抗坏血酸量成正比。

多种质量标准均采用 2,6-氯靛酚滴定法等滴定分析法，该方法简便、快速、准确。如《中华人民共和国药典》也采用该法。

该法缺点为：①生物组织中的氧化型抗坏血酸及结合抗坏血酸同样有维生素 C 的生理作

用，用该法不能测出；②生物材料提取液中含有其他还原性物质，也可使 2,6-二氯靛酚还原脱色而引起误差；③提取液中常存在的色素类物质会干扰滴定终点的观察。因此，由于提取液中其他还原性物质还原 2,6-二氯靛酚的速率较慢，故可将滴定过程控制在 2 min 之内，滴定的终点以红色在 15～30 s 内消失为准。当提取液色素太多，严重干扰终点判断时，可先用白陶土或 $Al(OH)_3$ 乳液脱色。这些措施在一定程度上可减少测量误差。

维生素 C 与 2,6-二氯靛酚钠盐的氧化还原反应与颜色变化如图 8-1 所示。

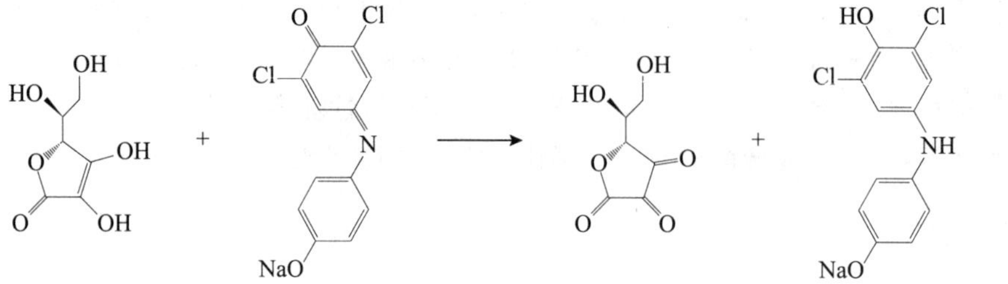

抗坏血酸　　2,6–二氯靛酚钠盐（粉红色）　　氧化型抗坏血酸　　还原型2,6–二氯靛酚钠盐（无色）

图 8-1　维生素 C 与 2,6-二氯靛酚钠盐的氧化还原反应与颜色变化

维生素 C 溶液的标定常用碘滴定法。利用碘酸钾作氧化剂，即往一定量的酸性试液中添加碘化钾——淀粉指示剂，用已知浓度的碘酸钾滴定。当碘酸钾滴入后即释放游离的碘，该碘被维生素 C 还原，直至维生素 C 完全氧化后，再滴以碘酸钾液，释放的碘因无维生素 C 的作用可使淀粉指示剂呈蓝色，即为终点，其反应如下：

$$KIO_3 + 5KI + 6H^+ \rightarrow 6K^+ + 3H_2O + 3I_2$$

$$3I_2 + 3vitC_{(还原型)} \rightarrow 3vitC_{(氧化型)} + 6HI$$

【试剂与器材】

1. 样品

新鲜的动物肌肉。

2. 维生素 C 标准溶液

准确称取维生素 C 4 mg，用 1% 草酸溶液定容至 100 mL。现用现配，放在冰箱中避光贮存。

3. 1/1 000 mol/L 碘酸钾

称取 0.357 g 碘酸钾，溶解定容至 100 mL 作为母液（即 1/100 mol/L）。临用前，稀释 10 倍即可。

4. 醋酸缓冲液

取 50% 醋酸钠溶液 20 mL，添加 20 mL 冰醋酸及 60 mL 水，混合。

5. 中性甲醛溶液

取 40% 甲醛 100 mL，添加 2 滴酚酞指示剂，用 0.1 mol/L NaOH 溶液滴定至微红色或 pH 为 8 左右。

6. 甲醛醋酸缓冲液

取中性甲醛溶液和醋酸缓冲液等量混合，置于棕色瓶中保存。

7. 0.1g/L 的 2,6-二氯靛酚钠盐溶液

称取 20 mg 干燥的 2,6-二氯靛酚钠盐,添加 150 mL 热蒸馏水,滴加 0.01 mg/mL NaOH 溶液 4～5 滴,剧烈摇动 10 min,冷却后,定容至 200 mL。摇匀后用滤纸过滤,放入棕色瓶。贮存在冰箱中备用,有效期为 1 周,使用前标定。

8. 其他试剂

质量体积分数为 10％的醋酸、6％碘化钾、1％淀粉溶液。

9. 器材

分析天平、离心机、研钵、微量滴定管、锥形瓶和容量瓶。

【操作步骤】

1. 维生素 C 的提取

取 3 g 动物肌肉剪碎于研钵中,用 10 mL 10％醋酸溶液匀浆后,经 3 000 r/min 离心 15 min,取上清液,用 2％醋酸溶液定容至 50 mL。

2. 标准维生素 C 溶液标定(碘滴定法)

吸取 5 mL 标准维生素 C 溶液放入三角瓶,添加 6％ KI 溶液 0.05 mL 及 1％淀粉液 5 滴,用微量滴定管以 1/1 000 mol/L 碘酸钾溶液进行滴定,每滴 1 滴即充分摇匀,直至出现微青蓝色,记录碘酸钾用量为 V_0。

3. 样品及标准维生素 C 的滴定(2,6-氯靛酚滴定法)

(1)A 瓶(样品提取液滴定) 样品提取液 10 mL,用微量滴定管以 2,6-二氯酚靛酚钠溶液进行滴定,每滴 1 滴即充分摇匀,直至出现粉红色,并保持 30 s 不褪色,记录滴定用量为 V_1。此为维生素 C 和非维生素 C 的其他还原性物质总共消耗的 2,6-二氯酚靛酚的量。

(2)B 瓶(样品处理液滴定) 样品提取液 10 mL,添加 1 mL 甲醛醋酸缓冲液,充分混匀后,静置 10 min,以 2,6-二氯靛酚钠盐溶液进行滴定,记录滴定用量为 V_2。此为非维生素 C 的还原性物质消耗的 2,6-二氯靛酚的量。

(3)C 瓶(标准维生素 C 溶液滴定) 标准维生素 C 溶液 1 mL 加 9 mL 2％醋酸,充分混匀,以 2,6-二氯靛酚钠盐溶液进行滴定,记录滴定用量为 V_3。此为 1 mL 标准维生素 C 所消耗的 2,6-二氯靛酚的量。

【计算】

①标准维生素 C 浓度 c_0(mg/mL)＝[V_0×(1/1 000 mol/L)×176 (g/mol)×3]/5。

维生素 C 的相对分子质量为 176,根据碘滴定法的化学反应可知,在酸性溶液中,1 分子的碘酸钾可氧化 3 分子的维生素 C,1 mL 1/1 000 mol/L 碘酸钾相当于氧化维生素 C 0.0528×(1/1 000 mol/L×3×176 g/mol),由此可标定出标准维生素 C 的浓度。

②$c=c_0/V_3$,即 1 mL 2,6-二氯靛酚所能氧化维生素 C 的质量。

③每 100 g 样品还原型维生素 C 的量(mg)＝[$(D_1-D_2)\times c\times D$]/($m_A$×100)。

式中:D 为样品提取液稀释的倍数(50 mL 中取 10 mL 测量,因此为 5);m_A 为样品质量(g)(该实验为 3 g)。

【注意事项】

①滴定迅速,一般不超过 2 min。滴定量应以 0.3～1.6 mL 为宜。若滴定结果超出该范

围，则需增加提取液体积或将提取液适当稀释。

②在动物肌肉中，维生素 C 的含量很低。在样品提取液制备过程中，要避免阳光照射，以及与铜、铁等器具接触，避免破坏维生素 C。

③在滴定开始前，应先用适量蒸馏水检测微量滴定管是否漏水，再用少量滴定液润洗滴定管。

【思考题】

1. 2,6-二氯靛酚滴定法测定维生素 C 含量有何优缺点？测定误差是否大？

2. 为什么滴定要设置 A 瓶、B 瓶？

第九章　综合性实验

实验一　牛乳中酪蛋白的提取及部分性质检测

【实验目的】

掌握利用等电点沉淀法提取酪蛋白的原理与方法。

【基本原理】

乳是哺乳动物特有的、提供给新生后代的营养源，富含蛋白质、乳脂、乳糖、矿物质等。牛乳中的蛋白质种类丰富，主要为酪蛋白和乳清蛋白两大类：酪蛋白约占蛋白质总量的80%，包括α-酪蛋白、β-酪蛋白、k-酪蛋白等；乳清蛋白包括α-乳清蛋白、β-乳球蛋白、血清白蛋白、免疫球蛋白、乳铁蛋白以及其他多种微量的蛋白质、酶等。乳蛋白的分离纯化是研究其组成、结构、性质和生物学功能的基础。

牛乳酪蛋白的相对密度为1.25～1.31，不溶于水、醇、有机溶剂，其等电点(pI)约为4.8。蛋白质在等电点时所带净电荷为零，蛋白质分子之间容易结合并产生沉淀。该实验即利用等电点时蛋白质溶解度最小、容易沉淀析出的原理，将牛乳的pH调至4.8，使酪蛋白沉淀析出，上清则为乳清蛋白。因酪蛋白不溶于乙醇，可用乙醇洗涤沉淀物，除去脂类等杂质，得到酪蛋白粗品。分离后的蛋白质可采用各种方法进行鉴定。该实验选择依据酪蛋白的溶解度以及酪蛋白与醋酸铅的颜色反应(含硫氨基酸与醋酸铅溶液加热后产生黑色)、乳清蛋白的热变性凝聚进行鉴定。

【试剂与器材】

1.样品

新鲜牛乳。

2.0.2 mol/L乙酸钠缓冲液(pH 4.6)

(1)A液(0.2 mol/L乙酸溶液)　量取11.55 mL乙酸，添加蒸馏水，定容至1 000 mL。

(2)B液(0.2 mol/L乙酸钠溶液)　称取16.4 g NaAc或27.22 g NaAc·$3H_2O$，添加蒸馏水充分溶解后，最终定容至1 000 mL。

取A液510 mL和B液490 mL混匀，即得0.2 mol/L乙酸钠缓冲液(pH 4.6)。

3.0.1 mol/L氢氧化钠

称取4 g NaOH，添加蒸馏水充分溶解后，最终加蒸馏水定容至1 000 mL。

4. 2 mol/L 尿素

称取 12 g 尿素，添加蒸馏水充分溶解后，最终加蒸馏水定容至 100 mL。

5. 0.1 mol/L 盐酸

量取 4.2 mL 浓 HCl，添加蒸馏水充分混匀后，最终加蒸馏水定容至 500 mL。

6. 5%醋酸铅

称取 5 g 醋酸铅，添加蒸馏水充分溶解后，最终加蒸馏水定容至 100 mL。

7. 其他试剂

95%乙醇、蒸馏水。

8. 器材

100 mL 烧杯、50 mL 烧杯、15 mL 试管、15 mL 离心管、5 mL 移液管、2 mL 移液管、洗耳球、玻璃棒、天平、低速台式离心机、恒温水浴锅和电炉（或酒精灯）。

【操作步骤】

1. 酪蛋白和乳清的制备

取 2 支 15 mL 试管：1 支试管添加新鲜牛乳 5 mL，另 1 支试管添加乙酸钠缓冲液 5 mL。将上述 2 支试管放在 40 ℃恒温水浴锅中保温 5 min 后，把乙酸钠缓冲液倒入牛奶，混匀，测定混合液的 pH。根据经验，往牛乳中添加等体积 0.2 mol/L 乙酸钠后，刚好接近牛乳酪蛋白的等电点（pH 为 4.8）；若 pH 有偏差，可用 1%NaOH 或 10%乙酸溶液调节 pH 至 4.8，并添加 2 mL 乙醇，混匀，在室温下静置 5 min 后，经 3 000 r/min 离心 5 min。上清液转移到另 1 支试管中，用于乳清蛋白鉴定；向沉淀部分添加 95%乙醇 5 mL 洗涤 1～3 次，经 3 000 r/min 离心 5 min，弃上清液，沉淀即为酪蛋白粗品。

2. 酪蛋白的性质鉴定

（1）溶解度　取 4 支 15 mL 试管，分别添加蒸馏水、0.1 mol/L 盐酸、0.1 mol/L 氢氧化钠和 2 mol/L 尿素各 2 mL，再用玻璃棒轻轻蘸取少量（0.1～0.2 g）酪蛋白加入每支试管，不断摇晃，观察并记录各试管中的酪蛋白溶解性。

（2）呈色反应　取少量酪蛋白置于试管中，添加 0.1 mol/L 氢氧化钠溶液，使之溶解，再添加 1～3 滴 5 %醋酸铅溶液，加热煮沸，观察溶液颜色变化。

3. 乳清中可凝固性蛋白质的鉴定

将步骤 1 制备的上清液放入烧杯，慢慢加热，观察溶液中出现的变化。

【注意事项】

①在使用离心机时，应严格遵守操作规程，离心管装入样品后必须盖严，并擦干表面的水分和污物，在配平后方可放入离心机。

②在加热溶液时，小心烫伤。

【思考题】

1. 为什么调整溶液中的 pH 可以沉淀出酪蛋白？

2. 该实验获取的蛋白质是否具有生物活性？

实验二　不连续 SDS-聚丙烯酰胺凝胶电泳法测定蛋白质相对分子质量

【实验目的】

掌握不连续 SDS-聚丙烯酰胺凝胶电泳（SDS-PAGE）法测定蛋白质相对分子质量的基本原理与基本过程。

【基本原理】

SDS 全称十二烷基硫酸钠，大多数蛋白质可与 SDS 按质量比 1∶1.4 结合，形成 SDS 蛋白质复合物。

①由于 SDS 解离后带有很强的负电荷，SDS-蛋白质复合物都带上了相同密度的负电荷，其电荷量大大超过了蛋白质分子原有的电荷量，基本掩盖了不同种类蛋白质原有的电荷差异。

②当 SDS 与蛋白质结合后，其会引起蛋白质原有构象的改变，使所有蛋白质在水溶液中的空间结构趋于椭圆柱，然而，这种形态变化并不会阻碍凝胶的形成过程。

不同 SDS-蛋白质复合物的短轴直径都一样，约为 18 nm，而长轴直径则与蛋白质分子的大小成正比。这样 SDS 蛋白质复合物在凝胶电泳中的迁移率就不再受蛋白质原有电荷及其形状的影响，而只取决于椭圆柱的长度，即蛋白质分子的大小。

需要注意的是，为了 SDS 能与蛋白质充分地按比例结合，必须将蛋白质间的二硫键完全打开。在用 SDS 处理蛋白质样品时，必须同时用巯基乙醇处理。巯基乙醇是一种还原剂，它能使二硫键还原打开，且在有多余的巯基乙醇存在时，二硫键就不会再氧化形成。蛋白质与 SDS 结合后的复合物都可溶，因而有利于电泳。为满足 SDS 定量地与蛋白质结合，这种聚丙烯酰胺凝胶电泳（polyacrylamide gel electrophoresis，PAGE）的凝胶及电极缓冲体系中都含有 SDS，所以称为 SDS-聚丙烯酰胺凝胶电泳（SDS-PAGE）。

蛋白质的迁移率与其相对分子质量的对数呈直线关系：

$$\lg MW = -bm_R + k$$

式中：MW 为相对分子质量；m_R 为相对迁移率；b 为斜率；k 为截距（常数）。该法可以测得蛋白质的相对分子质量。

实验证明，在采用该法测得相对分子质量为 12 000～200 000 的蛋白质时，其测定结果与其他方法相比，误差一般为±10%，且重复性高。该法还具有设备简单、样品用量甚微、操作方便等优点。不连续 SDS-聚丙烯酰胺凝胶电泳法现已成为测定大多数蛋白质相对分子质量的常规方法。

应用该法测定相对分子质量，首先需将几种已知相对分子质量的标准蛋白质混合物，与被测蛋白质同时进行 SDS-PAGE；然后测出各个蛋白质成分的迁移率，再以标准蛋白质的相对分子质量为纵坐标，迁移率为横坐标，在半对数坐标纸上绘出一条直线型的标准曲线（图 9-1）。若以普通坐标纸作图，则纵坐标应取蛋白质相对分子质量的对数值。被测蛋白质的相对分子质量只要测得迁移率就可从标准曲线上求出。

不同浓度的SDS-聚丙烯酰胺凝胶适用于不同范围的蛋白质相对分子质量大小的测定。如15%的凝胶适用于相对分子质量为10 000～50 000的蛋白质；10%的凝胶适用于相对分子质量为10 000～70 000的蛋白质；5%的凝胶适用于相对分子质量为25 000～2 000 000的蛋白质；3.33%的凝胶其胶孔径更大，适用于相对分子质量更高的蛋白质的测定。使用时，应根据待测蛋白质样品的相对分子质量范围选择合适的凝胶浓度，以获得好的结果。

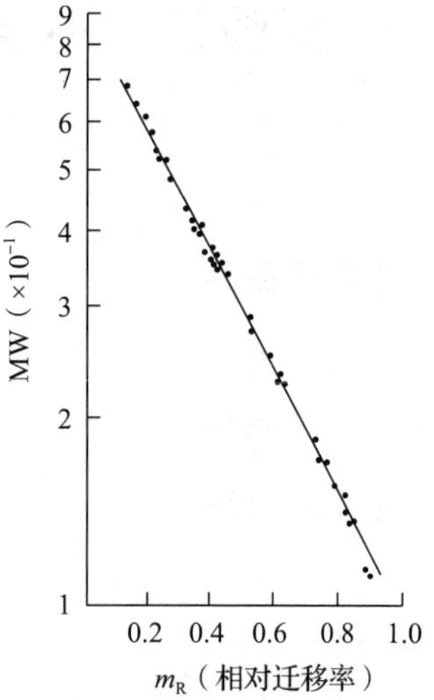

图9-1　37种蛋白质相对分子质量对数与迁移率的关系

实验中使用的标准蛋白质(mark)应该选择那些相对分子质量大小与待测蛋白质样品相近似的，应使其待测样品的相对分子质量恰好处于标准蛋白质的范围之内。虽然该法适用于大多数蛋白质相对分子质量的测定，但一些蛋白质，如带有较大辅基的蛋白质（如某些糖蛋白）、结构蛋白（如胶原蛋白）等，由于不能定量地与SDS相结合，因而测定结果偏差较大。另外，由亚基（如血红蛋白）或由两条以上肽链（如α-胰凝乳蛋白酶）组成的蛋白质在SDS的作用下将解离成亚基或单条肽链，其电泳后测得的只是这些蛋白质的亚基或单条肽链的相对分子质量，而不是整个蛋白质的相对分子质量。上述这些“特殊”蛋白质的相对分子质量都不宜采用该法测定。若要使用，就需要做对照实验。

此外，聚丙烯酰胺凝胶作支持物的电泳常分为两类：一类是连续性系统，即整个电泳系统中缓冲液组成、pH和凝胶浓度均相同；另一类是不连续性系统，所谓不连续就是指凝胶的浓度、缓冲液组成和pH均不相同。利用不连续性电泳进行生物样品的分析，步骤虽然烦琐，但分辨率高、区带狭窄、清晰易辨、分离效果好，特别适用于分析浓度较低，量较微的生物样品。其原因是它除具备连续系统的分子筛效应、电荷效应外，还有一个浓缩效应的结果。该实验将采取不连续SDS-PAGE法测定蛋白质的相对分子质量。

【试剂与器材】

1. 标准蛋白质(mark)

相对分子质量为10 000～70 000的标准蛋白质。

2. 分离胶缓冲液(1.5 moL/L Tris-HCl，pH 8.8)

称取18.16 g Tris，溶于80 mL双蒸馏水中，用4 moL/LHCl调pH至8.8，最后加双蒸馏水定容至100 mL，在4 ℃的条件下保存。

3. 浓缩胶缓冲液(1.0 mol/L Tris-HCl，pH 6.8)

称取6.06 g Tris，溶于40 mL双蒸馏水中，用4 moL/LHCl调pH至6.8，最后加双蒸馏水定容至50 mL，在4 ℃的条件下保存。

4. 30%丙烯酰胺(分离胶贮液)

称取30 g丙烯酰胺、0.8 g甲叉双丙烯酰胺，添加蒸馏水溶解至100 mL，过滤，置于棕色瓶中，在4 ℃的条件下保存。

5. 10%丙烯酰胺(浓缩胶贮液)

称取 10 g 丙烯酰胺、0.5 g 甲叉双丙烯酰胺，添加蒸馏水溶解至 100 mL，过滤，置于棕色瓶中，在 4 ℃的条件下保存。

6. 10%过硫酸铵(AP)

称取 10 g 过硫酸铵(ammonium persulphate, AP)，添加蒸馏水至 100 mL，每周新配，置于棕色瓶中，在 4 ℃的条件下保存。

7. 1%四甲基乙二胺

称取 1 mL 四甲基乙二胺(*N*, *N*, *N*′, *N*′-Tetramethylethylenediamine，TEMED)，添加蒸馏水至 100 mL，过滤，置于棕色瓶中，在 4 ℃的条件下保存。

8. 10% SDS 溶液

称取 5 g SDS，加蒸馏水至 50 mL，微热使其溶解，置于试剂瓶中，在 4 ℃的条件下保存。SDS 在低温下容易析出结晶，使用前，微热使其完全熔解。

9. 电泳缓冲液(pH8.3)

称取 6.06 g Tris、28.8 g 甘氨酸，添加 1 g SDS，加蒸馏水溶解后定容至 1 000 mL。

10. 染色液

称取 2.5 g 考马斯亮蓝 R250，溶于 1 000 mL 甲醇∶冰醋酸∶水(5∶1∶5)溶液中。

11. 脱色液

称取 75 mL 冰醋酸、50 mL 甲醇，加水定容至 1 000 mL。

12. 样品溶解液

内含 1%SDS、1%巯基乙醇、40%蔗糖或 20%甘油、0.02%溴酚蓝、0.01 mol/L pH 6.8 Tris-HCl 缓冲溶液。

13. 器材

电泳仪、垂直平板电泳槽、染色与脱色缸、微量移液器、枪头、烧杯和量筒等。

【操作步骤】

1. 装夹心式垂直板电泳槽

夹心式垂直板电泳槽操作简单，不易渗漏。该装置如图 9-2 所示。这种电泳槽两侧为由机玻璃制成的电极槽，两个电极中间夹有一个凝胶模，该模由 1 个凹形硅胶框、短玻璃板及梳

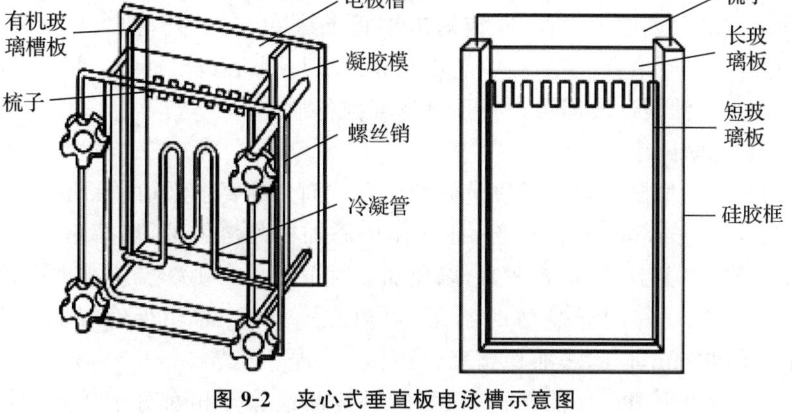

图 9-2　夹心式垂直板电泳槽示意图

子所组成。电泳槽由上贮槽、下贮槽和回纹状冷凝管组成。

2. 分离胶的配制和灌制

(1)分离胶的配制　不同体积分数的10%分离胶配制见表9-1。

表9-1　不同体积分数的10%分离胶配制方法

试剂	1 mL	2 mL	3 mL	4 mL	5 mL	6 mL	8 mL	10 mL
H_2O	0.68	1.4	2.1	2.7	3.4	4.1	5.5	6.8
30% 丙烯酰胺	0.17	0.33	0.5	0.67	0.83	1.0	1.3	1.7
1.0 mol/L Tris-HCl(pH 6.8)	0.13	0.25	0.38	0.5	0.63	0.75	1.0	1.25
10% SDS	0.01	0.02	0.03	0.04	0.05	0.06	0.08	0.1
10%过硫酸铵	0.01	0.02	0.03	0.04	0.05	0.06	0.08	0.1
TEMED	0.001	0.002	0.003	0.004	0.005	0.006	0.008	0.001

(2)分离胶的灌制　将上述凝胶溶液轻轻混匀后，用玻璃注射器，将其缓慢注入已用琼脂(或琼脂糖凝胶)封好的垂直板电泳槽的两片玻璃板之间。缓慢加入是为避免产生气泡，因为气泡会影响胶的聚合和分离效果。当凝胶溶液加至距离短玻璃板上端约4 cm时停止，然后迅速且轻轻地加入一层约0.5 cm的蒸馏水层。在室温下静置，待凝胶层与水层之间出现清晰的界面，即可开始制备浓缩胶。

3. 浓缩胶的配制和灌制

该实验采用5%浓度浓缩胶，在该浓度下，不同体积分数的浓缩胶配制方法见表9-2。

表9-2　不同体积分数的5%浓缩胶配制方法

试剂	5 mL	10 mL	15 mL	20 mL	25 mL	30 mL	40 mL	50 mL
H_2O	1.9	4.0	5.9	7.9	9.9	11.9	15.9	19.8
30%丙烯酰胺	1.7	3.3	5.0	6.7	8.3	10.0	13.3	16.7
1.5 mol/L Tris-HCl(pH 8.8)	1.3	2.5	3.8	5.0	6.3	7.5	10.0	12.5
10% SDS	0.05	0.1	0.15	0.2	0.25	0.3	0.4	0.5
10%过硫酸铵	0.05	0.1	0.15	0.2	0.25	0.3	0.4	0.5
TEMED	0.002	0.004	0.006	0.006	0.01	0.012	0.016	0.02

另取一个小烧杯或三角烧瓶，按表9-3加入各试剂，然后吸去分离胶上面蒸馏水，将配制好的浓缩胶溶液加到分离胶上，直至距离短玻璃板上缘0.5 cm处，插入梳形样品槽模板(称“梳子”)，大约30 min胶聚合，于室温中老化0.5 h以上，小心拔出梳子，可以清晰地看到梳子留下的凹孔。倒入电泳缓冲液即可进行预电泳或准备加样。

4. 样品的处理与加样

(1)样品的处理　根据相对分子质量标准蛋白试剂盒的要求添加样品溶解液，配制标准及未知样品：按0.5～1 mg/mL溶液比例，往样品中添加样品溶解液，溶解后，将其转移到带塞的小离心管中，轻轻盖上盖子(不要塞紧，以免加热时迸出)，在100 ℃沸水浴中保温3 min，取出冷却后加样。如处理好的样品暂时不用，可放在－20 ℃冰箱保存较长时间，使用前在100 ℃沸水中加热3 min，以除去亚稳态聚合物。

(2)加样　一般每个凹形样品槽内，只加一种样品或已知相对分子质量的混合标准蛋白质，加样体积质量要根据凝胶厚度及样品浓度灵活掌握，一般加样体积质量为 10～15 μL(即 2～10 μg 蛋白质)。如样品较稀，加样体积质量可达 100 μL。如样品槽中有气泡，可用注射器针头挑除。加样时，将微量注射器的针头(微量移液器)通过电极缓冲液伸入加样槽，尽量接近底部，轻轻推动微量注射器，针头勿碰破凹形槽胶面。由于样品溶解液中含有体积质量较大的蔗糖或甘油，样品溶液会自动沉降在凝胶表面形成样品层。

5. 电泳

往电极槽中倒入 pH 8.3 的电泳缓冲溶液，连接电泳仪与电泳槽，上槽接负极，下槽接正极。打开电源，将电流调至 20 mA、电压 90 V，待样品刚好进入分离胶后，将电流调至 50 mA、电压 110 V，待溴酚蓝染料前沿迁移至距硅橡胶框底边 1～1.5 cm 处，停止电泳，一般需 2～3 h。

6. 凝胶板的剥离与固定

电泳结束后，取凝胶板，卸下硅橡胶框，用不锈钢药铲或镊子撬开短玻璃板，在凝胶板切下一角作为加样标志，切去浓缩胶，在两侧溴酚蓝染料区带中心，插入细铜丝作为前沿标记。将凝胶板放入大培养皿，添加固定液，固定过夜。

7. 染色与脱色

将染色液倒入培养皿，染色 1 h 左右，用蒸馏水漂洗数次，再用脱色液脱色，直至蛋白质区带清晰，即可计算相对迁移率。

8. 绘制标准曲线

准确测出溴酚蓝染料的迁移距离和染色前凝胶的长度以及脱色后各蛋白质样品带的迁移距离和脱色后凝胶的长度，然后计算蛋白质的相对迁移率。

$$\text{相对迁移率}=\frac{\text{蛋白质移动距离}}{\text{脱色后胶长}}\times\frac{\text{染色前胶长}}{\text{染料移动距离}}$$

以各标准蛋白质样品的相对迁移率为横坐标，蛋白质的相对分子质量为纵坐标，在半对数坐标纸上作图，即可得一条标准曲线。

根据待测蛋白样品的相对迁移率的数值，可以直接从标准曲线上查得蛋白质样品的相对分子质量。

【注意事项】

(1)SDS 纯度　在 SDS-PAGE 中，需高纯度的 SDS，市售化学纯 SDS 需结晶一次或两次方可使用。

(2)SDS 与蛋白质的结合量　当 SDS 单体浓度为 1 mmol/L 时，1 g 蛋白质可与 1.4 gSDS 结合才能生成 SDS-蛋白质复合物。巯基乙醇可还原蛋白质间的二硫键，使 SDS 易与蛋白质结合。在样品溶解液中，SDS 的浓度至少比蛋白质的量高 3 倍，如果低于这个比例，就可能会影响样品的迁移率，因此，SDS 用量约为样品量的 10 倍以上。此外，样品溶解液应采用低离子强度(最高不超过 0.26)，确保样品溶解液中有较多的 SDS 单体。在处理蛋白质样品时，每次都应在沸水浴中保温 3～5 min，避免亚稳聚合物存在。

(3)凝胶浓度　应根据未知样品的估计相对分子质量来选择凝胶浓度。

(4)对样品的要求　应采纳低离子强度的样品。如样品中离子强度高，就应透析或经离子交换除盐。加样时，应保持凹形加样槽胶面平直。加样量以 10～15 μL 为宜，如样品系较稀的液体状，为保证区带清晰，加样量可适当增加，同时应将样品溶解液浓度提高2倍或更高。

(5)防止干板龟裂　由于凝胶中含SDS，直接制备干板会产生龟裂现象。如需制干板，则用25%异丙醇内含7%乙酸浸泡，并经常换液，直至SDS脱尽(需2～3 d)，才可按PAGE法制备干板。为方便起见，常采用照相法保存结果。

【思考题】

1.简述SDS-PAGE测定蛋白质相对分子质量的基本原理。
2.电泳前，往样品中添加少量的溴酚蓝和40%蔗糖溶液的作用是什么？
3.如何通过SDS-PAGE来确定未知蛋白质的相对分子质量？
4.做好该实验的关键是什么？

实验三　碱性磷酸酶的分离制备及活性测定

一、碱性磷酸酶的有机溶剂分级沉淀法

【实验目的】

1.掌握有机溶剂分级沉淀法分离碱性磷酸酶的原理与方法。
2.了解有机溶剂分级沉淀法分离纯化酶的基本程序。

【基本原理】

碱性磷酸酶(alkaline phosphatase，ALP或AKP)广泛分布于人体肝脏、骨骼、肠、肾和胎盘等组织，经肝脏向外排出。其特异性低，在碱性环境中能水解很多磷酸单酯化合物，主要功能是催化核酸分子脱掉5′-磷酸基团，从而使DNA或RNA片段的5′-P末端转换成5′-OH末端。碱性磷酸酯酶是分子生物技术常用的工具酶之一，也是免疫诊断试剂产品最常用的标记酶。临床上，碱性磷酸酶主要用于阻塞性黄疸、原发性肝癌、继发性肝癌和胆汁淤积性肝炎等的检查。

有机溶剂分级沉淀法是分离蛋白质的常用方法之一。其原理是利用不同蛋白质在不同浓度的有机溶剂中发生差异性沉淀实现分离。一方面，有机溶剂能降低溶液的介电常数，进而增加蛋白质分子间相反电荷的静电引力，导致其溶解度的下降；另一方面，有机溶剂溶于水后，通过溶剂与水分子的相互作用，可破坏蛋白质的水化膜，导致蛋白质分子聚集并沉淀析出。

有机溶剂沉淀法的优点是分辨能力比盐析法高，即一种蛋白质或其他溶质只有在一个比较窄的有机溶剂浓度范围内才会沉淀；沉淀不用脱盐，过滤比较容易，在生化制备中的应用比盐析法广。有机溶剂沉淀法的缺点是对某些具有生物活性的大分子，容易引起变性失活。

有机溶剂分级沉淀法常用的试剂有乙醇、甲醇和丙酮等。在进行有机溶剂沉淀时，有机溶液的浓度常以有机溶剂和水容积比或质量分数表示。若要使原溶液中的有机溶剂达到一定浓度，添加的有机溶剂的浓度和体积可以按下列公式计算：

$$V=\frac{V_0(S_1-S_2)}{100-S_2}(S_1-S_2<0)$$

式中：V 为需加 100%浓度有机溶剂的体积；V_0 为原溶液的体积；S_1 为原溶液中有机溶剂的浓度；S_2 为要求达到的有机溶剂的浓度；100 为加入的有机溶剂浓度为 100%的计算基数（若所加入的有机溶剂的浓度为 95%，则“$100-S_2$”应改为“$95-S_2$”）。

本实验利用碱性磷酸酶（alkaline phosphatase，AKP）在不同浓度有机溶剂中的不同溶解度进行分离纯化。用低渗浓度醋酸钠制备肝匀浆，往肝匀浆中添加正丁醇使部分蛋白变性，溶出细胞膜中的酶，过滤去除杂蛋白，加醋酸镁以保护和稳定 AKP。将含有 AKP 的滤液用冷丙酮和冷乙醇进行重复分离纯化。根据 AKP 在 33%丙酮或 30%乙醇中溶解，而在 50% 丙酮或 60% 乙醇中不溶解的性质，用冷丙酮和冷乙醇重复分离提取，从而获得较为纯净的 AKP。

【试剂与器材】

1. 样品

新鲜的兔肝（或其他实验动物的新鲜肝脏）。

2. 0.5 mol/L 醋酸镁溶液

称取 107.25 g 醋酸镁 [$Mg(CH_3COO)_2\cdot4H_2O$]，溶于蒸馏水中，定容至 1 000 mL。

3. 0.1 mol/L 醋酸钠溶液

称取 8.203 g 醋酸钠，溶于蒸馏水中，定容至 1 000 mL。

4. 0.01 mol/L 醋酸镁-0.01 mol/L 醋酸钠溶液

准确吸取 0.5 mol/L 醋酸镁溶液 20 mL 及 0.1 mol/L 醋酸钠溶液 100 mL，混合后定容至 1 000 mL。

5. 0.01 mol/L Tris-醋酸镁缓冲液（pH 8.8）

称取 12.114 g 三羟甲基氨基甲烷（Tris），用蒸馏水溶解后定容至 1 000 mL，即为 0.1 mol/L Tris 溶液。取 0.1 mol/L Tris 溶液 100 mL，添加蒸馏水约 780 mL，再添加 0.1 mol/L 醋酸镁 100 mL，混匀后，用 1%冰醋酸调 pH 为 8.8，用蒸馏水定容至 1 000 mL。

6. 其他试剂

丁醇、丙酮、95%乙醇。

7. 器材

量筒、玻璃匀浆器、剪刀、滤纸和离心机。

【操作步骤】

①称取 2 g 新鲜的兔肝，剪碎，置于玻璃匀浆器（或研钵）中，添加 0.01 mol/L 醋酸镁和 0.01 mol/L 醋酸钠溶液 2.0 mL，充分磨成匀浆。将匀浆液转移至离心管中，用 4.0 mL 上述溶液分 2 次冲洗匀浆管，并倒入离心管，混匀，此为 A 液。另取 1 支试管，编号为 A，取 A 液 0.1 mL，添加 0.01 mol/L Tris-醋酸镁缓冲液 4.9 mL，混匀，供测酶活性。把 2.0 mL 正丁醇溶液加入上述剩余的匀浆液，玻璃棒充分搅拌，于室温中放置 20 min 后，用滤纸过滤，滤液置于离心管中。

②在滤液中加入等体积的冷丙酮，混匀后立即离心 5 min（2 000 r/min），弃去上清液。往

沉淀中添加 0.5 mol/L 醋酸镁溶液 4.0 mL，用玻璃棒充分搅拌使其溶解，记录悬液体积，此为 B 液。取 B 液 0.1 mL，置于试管 B 中，添加 0.01 mol/L Tris-醋酸镁缓冲液 4.9 mL，混匀，供测酶活性。

③量取剩余悬液体积，添加 95%冷乙醇，使乙醇最终浓度为 30%，混匀，立即离心 5 min (2 000 r/min)。量取上清液体积，倒入另一支离心管，弃去沉淀。往上清液中添加 95%冷乙醇，使乙醇终浓度为 60%。混匀后立即离心 5 min(3 000 r/min)，弃去上清液。往沉淀中加入 0.01 mol/L 醋酸镁和 0.01 mol/L 醋酸钠溶液 4.0 mL，用玻璃棒充分搅拌使其溶解。

④重复操作步骤③，沉淀用 0.5 mol/L 醋酸镁溶液 3.0 mL 充分溶解，记录体积，此为 C 液。取 C 液 0.2 mL，置于试管 C 中，添加 0.01 mol/L Tris-醋酸镁缓冲液 3.8 mL，混匀，供测酶活性。

⑤往上述剩余悬液中缓缓滴加冷丙酮，使丙酮最终浓度为 33%，混匀后，立即离心 5 min (2 000 r/min)，弃去沉淀。量取上清液体积后移至另一支离心管中，再缓缓加入冷丙酮，使丙酮最终浓度为 50%，混匀后，立即离心 15 min(4 000 r/min)，弃去上清液，沉淀为部分纯化的碱性磷酸酶。往该沉淀中添加 0.01 mol/L Tris-醋酸镁缓冲液 4.0 mL，使沉淀充分溶解，再离心 5 min(2 000 r/min)。将上清液倒入试管，记录体积，弃去沉淀，上清液即为部分纯化的碱性磷酸酶，此为 D 液。取 D 液 0.2 mL，置于试管 D 中，添加 0.01 mol/L Tris-醋酸镁缓冲液 0.8 mL，混匀，供测酶活性及比活性测定。

【注意事项】

①因为有机溶剂沉淀是个放热过程，所以整个操作应在低温下进行，溶剂应预冷。

②高浓度的有机溶剂易造成蛋白质变性失活，加入时，要边搅边滴加，避免局部浓度过高，使酶或蛋白质变性。

③分离沉淀后的蛋白质应立即用水或缓冲溶液溶解，以降低有机溶剂的浓度。

④溶剂的 pH 最好控制在被分离物质的等电点附近，以提高被分离物质的分离效果。

⑤蛋白质浓度应控制在 5～20 mg/mL，以防止在高浓度条件下样品发生共沉淀作用。

⑥当有机盐存在于有机溶剂中时，其能增加蛋白质的溶解度，并减少蛋白质变性的情况发生。

【思考题】

1. 有机溶剂分级沉淀法为什么可以用于酶的分离和提纯？其原理是什么？

2. 0.01 mol/L 醋酸镁-0.01 mol/L 醋酸钠溶液的作用是什么？

3. 操作步骤④的目的是什么？

4. 在操作步骤中，试管 A、试管 B、试管 C、试管 D 各管的稀释倍数是多少？

二、碱性磷酸酶活性与比活性的测定

【实验目的】

1. 掌握 King 氏法测定碱性磷酸酶活性的原理和方法。

2. 掌握比活性测定的方法和意义。

【基本原理】

碱性磷酸酶(AKP)是一类广泛分布于机体内、在碱性条件下(pH 8.6～10)具有较高活性的酶。该类酶对底物的特异性较低,在实验室条件下,各类磷酸单酯化合物,如 β-甘油磷酸钠、磷酸苯二钠、对-硝基苯基磷酸二钠等物质,都能被水解为磷酸及各种羟基化合物。

King 氏法测定碱性磷酸酶活性(图 9-3)的原理为在一定的 pH 和温度下,底物液中的磷酸苯二钠被碱性磷酸酶催化,使之水解,释放出产物酚和磷酸根。酚在碱性溶液中与 4-氨基安替比林(4-aminoantipyrine, AAP)作用并经铁氰化钾催化,生成红色醌类化合物。以相同条件处理后的酚标准溶液作为对照,于 510 nm 波长处开展比色测定,可检测酚的生成量,进而计算酶活性。

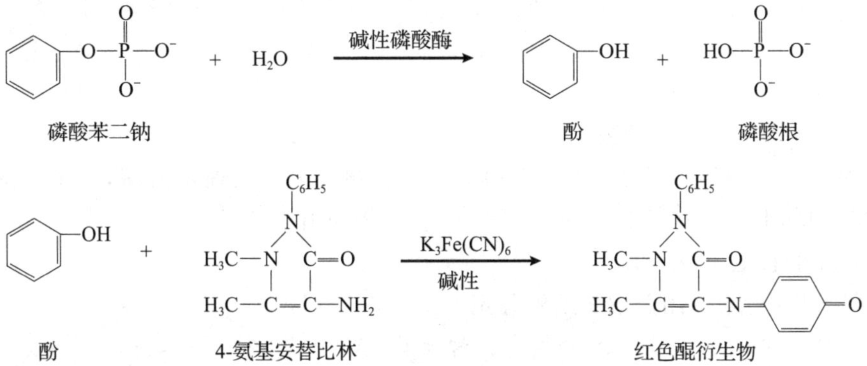

图 9-3　测定碱性磷酸酶活性的原理

King 氏活性单位定义:每 100 mL 酶溶液(或血清)在 37 ℃与底物作用 15 min,产生 1 mg 酚者为一个 King 氏单位。

酶活性(enzyme activity)也称为酶活力,是指酶的催化能力。酶的比活性或比活力(specific activity)是指单位质量(通常是每毫克)酶蛋白所含有的活力单位数。借助测定酶的比活性可以鉴定酶的纯化程度,并能综合评价分离纯化步骤的优劣。在分离提取酶时,随着酶的分离纯化步骤的进行,酶的比活性也随之升高。根据酶学专门委员会的规定,酶的比活性用每毫克蛋白质具有的酶活性单位(U/mg 蛋白质)来表示,因此,测定样品的比活性必须预先测定:①每毫升样品中蛋白质的质量;②每毫升样品中的酶活性单位数。

本实验方法既可测定血清碱性磷酸酶总酶活性,又可以测定碱性磷酸酶分离纯化过程中各阶段液体样品的酶活性。完成蛋白质含量测定后,可计算各阶段的比活性、产率及提纯倍数。

【试剂与器材】

1. 酚类贮存液

称取 1.0 g 重结晶酚(除去醌),溶于 0.1 mol/L 盐酸溶液并定容至 1 000 mL。

2. 0.1 mol/L 硫代硫酸钠溶液

将 25 g 硫代硫酸钠溶液溶于 950 mL 沸腾蒸馏水中,继续煮沸 5 min,冷却后,用新煮沸过的冷蒸馏水定容至 1 000 mL，再以 0.1 mol/L 碘酸钾溶液标定其浓度。

3. 0.1 mol/L 碘酸钾溶液

将碘酸钾（KIO_3）在 120 ℃烘箱干燥 6 h，然后放在玻璃干燥器中冷却至室温。精确称取 0.8918 g 干燥的碘酸钾，用蒸馏水溶解并定容至 250 mL。

4. 质量体积分数为 0.5%的淀粉指示剂

准确称取 0.5 g 可溶性淀粉（经 60 ℃烘箱干燥），用 10 mL 蒸馏水搅匀，再倒入 80 mL 沸腾蒸馏水，充分搅匀，冷却后定容至 100 mL。

5. 0.1 mol/L 碘溶液

称取 12.69 g 碘和 40 g 碘化钾，置于洁净的乳钵中，添加少量蒸馏水研磨至完全溶解，然后用蒸馏水定容至 1 000 mL，置于棕色瓶中保存，再用已标定的硫代硫酸钠溶液标定其浓度。

6. 40 mmol/L 底物溶液

称取 10.16 g 磷酸苯二钠（$C_6H_5PO_4Na_2 \cdot 2H_2O$）或者 8.72 g 磷酸苯二钠（无结晶水），用煮沸后冷却的蒸馏水溶解（往蒸馏水中加入氯仿 4 mL），定容至 1 000 mL，置于棕色瓶中，该液只能用 1 周。

7. pH 8.8 Tris-醋酸缓冲液

称取 12.11 g 三羟甲基氨基甲浣（Tris），添加约 800 mL 蒸馏水溶解，用稀乙酸调节 pH 至 8.8，最后用蒸馏水定容至 1 000 mL，置于 4 ℃的冰箱中保存。

8. 0.5 mol/L 氢氧化钠溶液

称取氢氧化钠 20 g，用蒸馏水溶解并定容至 1 000 mL。

9. 质量体积分数为 0.3%的 4-氨基安替比林（AAP）溶液

称取 0.3 g AAP 及 4.2 g 硫酸氢钠，用蒸馏水溶解至 100 mL，置于棕色瓶中，在冰箱中保存。

10. 质量体积分数为 0.5%的铁氰化钾溶液

称取铁氰化钾 5 g，溶于 400 mL 蒸馏水中，另称取硼酸 15 g，溶于 400 mL 蒸馏水中，将两液混合，用蒸馏水定容至 1 000 mL，置棕色瓶中，暗处保存。

11. 器材

分光光度计、天平、烘箱、微量滴定管、锥形瓶、容量瓶和试管等。

【操作步骤】

1. 酚标准溶液（1 mg/mL）的标定

准确吸取 25 mL 酚贮存液，置于 250 mL 有塞三角瓶中，添加 50 mL 0.1 mol/L 氢氧化钠溶液，加热至 65 ℃，再加入 0.1 mol/L 碘溶液 25 mL，加塞，室温放置 30 min，加 5 mL 浓盐酸，以 0.1 mol/L 硫代硫酸钠（标定过的）溶液滴定到溶液呈浅黄色，再加入 1.0 mL 0.5%的淀粉指示剂，直至蓝色消失。

空白标定方法相同，仅以蒸馏水代替酚贮存液。滴定反应式如下：

$$3I_2 + C_6H_5OH \rightarrow C_6H_5I_3OH + 3HI$$

$$I_2 + 2Na_2S_2O_3 \rightarrow 2NaI + Na_2S_4O_6$$

根据滴定反应式，3 mol 碘（相对分子质量为 254 ）与 1 mol 酚（相对分子质量为 94）起作用，因此 1 mL 0.1 mol/L 碘溶液（含碘 12.7 mg）相当于酚的质量。

$$12.7\times\frac{94}{3\times 254}=1.567(\text{mg})$$

因为硫代硫酸钠溶液与碘溶液浓度相同(均为 0.1 mol/L),设用于滴定剩余碘的硫代硫酸钠为 X_1 mL,空白滴定为 X_2 mL,则实际与酚作用的碘溶液为(X_2-X_1) mL,所以

$$25\ \text{mL 酚溶液中所含酚量(mg)}=1.567\times(X_2-X_1)$$

若 25 mL 酚溶液中含酚量多于 25 mg,则用 0.1 mol/L 盐酸调至 1 mg/mL 浓度,该溶液放置冰箱内可保存 1 年。

2. 酚标准应用液(0.1 mg/mL)制备

根据酚标准贮存液标定结果,用蒸馏水稀释至 0.1 mg/mL,置于冰箱中保存,可用 2～3 d。

3. 硫代硫酸钠溶液的标定

取 1 支 150 mL 三角瓶,添加蒸馏水 25 mL、碘化钾 2.0 g、碳酸氢钠 0.5 g 及 2.0 mol/L 盐酸 10 mL。

准确吸取 0.1 mol/L 碘酸钾溶液 25 mL,倒入上述三角瓶,立即以硫代硫酸钠溶液滴定至浅黄色,再添加 0.5%淀粉 1.0 mL 作指示剂,继续滴定至无色。

空白滴定方法同上,仅以蒸馏水替代碘酸钾溶液。

$$\text{硫代硫酸钠的物质的量的浓度}=\frac{5.0\times 0.12}{\text{滴定样品消耗量}-\text{滴定空白消耗量}}$$

4. AKP 酶活性测定

取 6 支试管,编号,按表 9-3 和操作。

表 9-3　碱性磷酸酶活性测定　　mL

试剂	试管 A	试管 B	试管 C	试管 D	空白管	对照管
40 mmol/L 底物溶液	1.0	1.0	1.0	1.0	1.0	1.0
Tris-醋酸缓冲液	0.9	0.9	0.9	0.9	1.0	0.9
0.1 mg/mL 的酚标准溶液	—	—	—	—	—	0.1
混匀后,于 37 ℃水浴保温 5 min						
酶液	0.1	0.1	0.1	0.1	—	—
混匀后,立即计时,37 ℃水浴准确保温 15 min						
0.5 mol/L 氢氧化钠溶液	1.0	1.0	1.0	1.0	1.0	1.0
0.3% AAP 溶液	1.0	1.0	1.0	1.0	1.0	1.0
0.5%铁氰化钾溶液	2.0	2.0	2.0	2.0	2.0	2.0

注:若酶液改为实验动物血清,则可测定血清总碱性磷酸酶活性。

充分摇匀,在室温下放置 10 min,于 510 nm 波长处进行比色。以空白管光密度为参比(调“0”),读取其余各管光密度值。

用下列公式计算每毫升酶液的酶活性单位数,并将计算结果填入表 9-4。

$$\text{每毫升酶液的酶活性单位数}=\frac{\text{样品 }OD_{510nm}}{\text{对照 }OD_{510nm}}\times\text{酚标准溶液浓度(mg/mL)}\times\frac{1}{0.1}\times\text{稀释倍数}$$

$$\text{总酶活性单位数}=\text{每毫升酶液的酶活性单位数}\times\text{样品总体积(mL)}$$

表 9-4 不同分离阶段的酶活性 U

分离阶段	每毫升酶活性单位数	总酶活性单位数
A		
B		
C		
D		

5. 蛋白质含量的测定

用 Folin-酚法

$$待测液蛋白浓度(\mu g/mL)=\frac{样品\ OD_{660nm}}{对照\ OD_{660\ nm}}\times 100$$

$$蛋白质(mg/mL)=上式计算结果\times稀释倍数\div 1\ 000$$

$$总蛋白量(mg)=蛋白质浓度(mg/mL)\times 样品体积(mL)$$

【结果处理】

1. 比活性的计算

$$AKP的比活性=\frac{每毫升样品\ AKP\ 活性单位数}{每毫升样品蛋白质质量(mg)}$$

2. 纯化倍数的计算

$$纯化倍数=\frac{各阶段比活性}{匀浆(A\ 液)比活性}$$

3. 回收率的计算

$$AKP的各阶段回收率=\frac{各阶段酶的总活性单位数}{匀浆(A\ 液)中酶的总活性单位数}\times 100\%$$

4. 汇总实验结果，并填入表 9-5，分析各提纯步骤的意义

表 9-5 不同分离阶段结果汇总

相应数据	匀浆液（A 液）	第一次丙酮沉淀（B 液）	第二次乙醇沉淀（C 液）	第二次丙酮沉淀（D 液）
总体积/mL				
蛋白质浓度/(mg/mL)				
总蛋白量/mg				
每毫升样品中酶活性单位				
酶总活性单位/U				
比活性/(U/mg)				
纯化倍数				
回收率/%				

【注意事项】

①往铁氰化钾溶液中添加硼酸，具有稳定最终显红色的作用。该液体应避免阳光直射，若呈蓝绿色，则不能使用。该液加入后，应立即充分混匀，否则呈色不充分。

②酶活性单位也可通过标准曲线求得。标准曲线的绘制方法为：取 6 支试管，分别添加酚标准溶液（0.1 mg/mL）0 mL、0.05 mL、0.1 mL、0.2 mL、0.3 mL 和 0.4 mL，再添加蒸馏水稀释至 1.0 mL，于 37 ℃水浴中保温 5 min，然后各添加 0.5 mol/L 氢氧化钠溶液、0.3% AAP 溶液 1.0 mL、0.5%铁氰化钾溶液 2.0 mL，混匀，于 37 ℃水浴中保温 15 min，在 510 nm 波长处进行比色。以光密度为纵坐标，各管酚含量 0 μg、5 μg、10 μg、20 μg、30 μg、40 μg 为横坐标，即可得标准曲线。

③在测定试管 A 的蛋白质含量时，应稀释 10 倍，否则蛋白质浓度太高，无法进行测定，其余各管无须稀释。

【思考题】

1. 什么是酶的比活性？测定酶的比活性有何意义？

2. 测定时，加 0.5 mol/L 氢氧化钠溶液和 0.3% AAP 溶液的目的是什么？

3. 什么是一个 King 氏活性单位？采用该法测定碱性磷酸酶活性时，应该注意控制哪些条件？

实验四　血浆 IgG 的分离、纯化及鉴定

血清（浆）蛋白质达 70 余种，免疫球蛋白（immunoglobulin，Ig）是血清（浆）球蛋白的一种，免疫球蛋白 G（immunoglobulin G，IgG）又是免疫球蛋白的主要成分之一。IgG 的相对分子质量为 15 万～16 万，沉降系数约为 7 s。要从血清（浆）中分离出 IgG，首先要尽可能除去血清（浆）中的其他蛋白质成分，提高 IgG 在样品中的比例，即进行粗分离；然后进一步纯化而获得较纯的 IgG。作为被动免疫制剂，IgG 在兽医临床上具有广泛的应用价值。本实验首先采用硫酸铵盐析法从血浆（清）中分离获得 IgG 粗提物，借助凝胶过滤法进行脱盐处理；然后通过 DEAE-离子交换纤维素层析法纯化 IgG；最后采用聚丙烯酰胺凝胶电泳法进行鉴定。

一、盐析法分离制备血浆 IgG

【实验目的】

1. 掌握分段盐析法的原理。

2. 了解盐析法分离制备血浆 IgG 的基本过程。

【基本原理】

盐析法是粗分离蛋白质的重要方法之一。许多蛋白质在纯水或低盐溶液中溶解度较低，

若稍加一些无机盐则溶解度增加，这种现象称为“盐溶”(salting in)。当盐浓度继续增加到某一浓度时，蛋白质溶解度反而会降低，甚至变得不溶且自动析出，这种现象称为“盐析”(salting out)。造成这种现象的原因是蛋白质分子在水溶液中呈兼性离子状态，即同时带有羧基解离的负电荷和氨基解离的正电荷，其极性基团使分子间相互排斥，同时与水分子形成水膜，这些因素能保证蛋白质形成溶于水的溶胶状态。当加入少量盐时，蛋白质分子上的极性基团会增多，从而增大了蛋白质在水中的溶解度，出现“盐溶”现象。当盐浓度增加到一定浓度时，一方面，大量的水同盐离子结合，使蛋白质没有足够的水维持溶解状态，破坏了维持蛋白质亲水胶的水膜，容易沉淀析出；另一方面，添加的盐离子中和了蛋白质表面的电荷，蛋白质分子相互碰撞时即发生相互聚集沉淀，这样就出现了“盐析”现象。由于各种蛋白质“盐析”所需的盐浓度各异，盐析所需的最小盐量称作盐析浓度。盐析法就是通过控制盐的浓度，蛋白质混合溶液中的各个成分能分步“盐析”，从而实现蛋白质的分离。这种借助改变盐的浓度与溶液的 pH，将混合液中的蛋白质逐个盐析分开，实现蛋白质分离的操作称为分段盐析。

盐析法是 1878 年瑞典化学家哈玛斯特(Hammarster)首次使用的，他用硫酸镁成功地将血清蛋白分为清蛋白、球蛋白两部分。自此使用过硫酸钠、氯化钠、磷酸钠和硫酸铵等中性盐来盐析蛋白质，其中运用最广的是硫酸铵。硫酸铵有其他盐所不具备的优点，如在水中化学性质稳定、溶解度大、温度系数变化较小(在 0～30 ℃范围内的溶解度变化不大，如在 25 ℃时，饱和溶解度为 767 g/L；在 0 ℃时，饱和溶解度为 697 g/L)，且硫酸铵价廉易得，分段效果比其他盐好，性质温和，即使浓度很高，也不会影响蛋白质的生物学活性。因此，现在所指的盐析法实际上多为硫酸铵盐析法。

在本实验利用硫酸铵对血浆中的蛋白质进行分段盐析时，盐析出某种蛋白质成分所需的硫酸铵浓度一般以饱和度来表示。在实际工作中，将饱和硫酸铵溶液的饱和度定为 100%或 1。盐析某种蛋白质成分所需的硫酸铵数量折算成 100%或 1 饱和度的百分之几，即称为该蛋白盐析的饱和度。饱和度可以根据情况用下列两种方法计算。

1. *饱和硫酸铵溶液法*

在蛋白质溶液的总体积不大，要求饱和度在 50%以下时，可选用该法。在已知盐析出某个蛋白质成分所要达到的饱和度时，可按下列公式计算应加入饱和硫酸铵溶液的体积。

$$V = V_0 \times \frac{c_2 - c_1}{100\% - c_2} \text{ 或 } V = V_0 \times \frac{c_2 - c_1}{1 - c_2}$$

式中：V_0 为蛋白质溶液的原始体积；c_2 为所要达到的硫酸铵饱和度；c_1 为原来溶液的硫酸铵饱和度；V 为应加入饱和硫酸铵溶液的体积。

将计算所得体积的饱和硫酸铵溶液加入混合蛋白质溶液，即可达到盐析的目的。严格来说，在混合两种不同溶液时，混合后的总体积并不等于混合前两种溶液体积之和。而在上述公式中，饱和硫酸铵溶液是按相当于计算的，所以会产生误差。实验证明，所造成的误差较小，可忽略不计。

2. *硫酸铵粉末法*

若需达到的硫酸铵饱和度较高，而蛋白质溶液的体积又不能再过分增大，就可采用直接加入固体硫酸铵粉末的方法。若想达到某饱和度，就可按下列公式计算应添加的固体硫酸铵粉末的数量。

$$X=\frac{G(c_2-c_1)}{100\%-Ac_2} \text{ 或 } X=\frac{G(c_2-c_1)}{1-Ac_2}$$

式中：X 为将 1 L 饱和度为 c_1 溶液提高到饱和度为 c_2 时，需要加入固体硫酸铵粉末的质量(g)；G 和 A 为常数，数值与温度有关。现在已将达到各种饱和度所需固体硫酸铵粉末的数量列成附表，使用时，无须再计算，可直接从附录五中查出。

市售固体硫酸铵中一般残留有硫酸，所以制备的饱和硫酸铵溶液的 pH 常为 4.5～5.5，使用之前，应该用浓氨水调节，使其 pH 达到 7。在用固体硫酸铵盐析时，蛋白质应溶解于具有一定缓冲能力的溶液中。因为硫酸铵中还含有一些重金属离子，用量大时易使蛋白质变性，所以在该情况下可加入一些 EDTA 等螯合剂，以螯合这些重金属离子。

【试剂与器材】

1. 样品

新鲜的家畜血浆。

2. 饱和硫酸铵溶液

称取 800 g 化学纯$(NH_4)_2SO_4$，添加 1 000 mL 蒸馏水，不断搅拌，加热至 50～60 ℃，并保持数分钟，趁热过滤，滤液在室温中过夜，有结晶析出，即达到 100%饱和度。使用时，需用浓氨水调至 pH 为 7.0。

3. 0.01 mol/L 磷酸盐缓冲溶液(pH 7.0)

称取 0.2 mol/L Na_2HPO_4 溶液 61.0 mL 和 0.2 mol/L NaH_2PO_4 溶液 39.0 mL 相混合，用酸度计检测 pH 应为 7.0。取该混合液 50 mL，添加 7.5 g NaCl，用蒸馏水定容至 1 000 mL。

4. 0.017 5 mol/L 磷酸盐缓冲溶液(pH 6.7)

称取 0.2 mol/L Na_2HPO_4 溶液 43.5 mL 和 0.2 mol/LNaH_2PO_4 溶液 56.5 mL 相混合，用酸度计检测 pH 应为 6.7。取该混合液 87.5 mL，用蒸馏水稀释至 1 000 mL。

5. 器材

天平、离心机和离心管等。

【操作步骤】

①取 1 支离心管，往其中添加 5 mL 血浆和 5 mL 0.01 mol/L，pH 7.0 的磷酸盐缓冲液，混匀。用胶头滴管吸取饱和硫酸铵溶液，边滴边搅拌于血浆溶液中，使溶液的最终饱和度为 20%(按前面的公式计算应加入饱和硫酸铵溶液的质量)。用滴管边加边搅拌，加完后，应在 4 ℃ 的条件下，放置 15 min，使之充分盐析(当蛋白质样品量大时，应放置过夜)，然后以 3 000 r/min 离心 10 min，弃去沉淀(沉淀为纤维蛋白原)，其上清液中为清蛋白和球蛋白。

②量取上清液体积并转移至另 1 支离心管中，用滴管继续向上清液中滴加饱和硫酸铵溶液，使溶液的饱和度达到 50%(计算应加饱和硫酸铵溶液的质量)。加完后，在 4 ℃的条件下，放置 15 min，然后以 3 000 r/min 离心 10 min，上清液中为清蛋白，沉淀为球蛋白。除去上清液，留下沉淀部分。

③将所得的沉淀重新溶于 5 mL 0.01 mol/L pH 为 7.0 的磷酸盐缓冲液中。滴加饱和硫

酸铵溶液，使溶液的饱和度达35%(计算应加饱和硫酸铵溶液的质量)。加完后，在4 ℃的条件下，放置20 min，经3 000 r/min离心15 min，上清液中为α球蛋白与β球蛋白，沉淀为IgG。弃去上清液，即获得粗制的IgG沉淀。

④为了进一步纯化，操作③可重复1～2次，然后将获得的粗IgG沉淀溶解于2 mL 0.017 5 mol/L、pH为6.7的磷酸盐缓冲液中，于－20 ℃的条件下，保存备用。

【注意事项】

①在进行盐析时，为防止由硫酸铵一次性添加或搅拌不均匀造成的局部过饱而影响盐析的效果，一定要边滴加边搅拌。搅拌时，不能过于剧烈搅拌，以免产生过多泡沫，致使蛋白质变性。

②添加的硫酸铵应为化学纯或更高纯度，因为夹带的杂质会使硫酸铵的浓度不准确，甚至引起蛋白质和酶的变性。

③添加固体硫酸铵后，要使其充分溶解，至少放置30 min，待蛋白质沉淀完全后，再进行分离。

④由于高浓度的盐溶液对蛋白质有一定的保护作用，所以盐析操作一般可在室温下进行。而某些对热特别敏感的酶则应在低温条件下进行。

⑤在盐析条件相同的情况下，蛋白质浓度越高，越容易沉淀。蛋白质浓度过高容易引起其他杂蛋白的共沉淀作用，因此必须选择适当的蛋白质浓度进行盐析。

二、凝胶过滤法脱盐和分离IgG

【实验目的】

掌握凝胶过滤法脱盐的原理与方法。

【基本原理】

硫酸铵盐析法不仅可提高蛋白质的纯度约5倍，还可以除去DNA、RNA等杂质。由盐析所获得的粗提IgG中含有大量硫酸铵盐，这将会影响以后的纯化，所以纯化前应除去，该过程称为“脱盐”(desalting)。脱盐常用方法有透析法和凝胶过滤法。透析法的优点是透析后样品终体积缩小，能够达到样品富集的作用，但操作所需时间较长，且盐不能完全除尽，只能无限减少；凝胶过滤法则能够将盐完全除尽，经凝胶过滤脱盐后的样品体积增大，样品会稀释。由于样品体积较小，凝胶过滤后样品体积不会增加太多，本实验选用凝胶过滤法。

凝胶过滤(gel filtration)是20世纪60年代发展起来的一种层析技术。其基本原理是利用被分离物质分子大小不同及固定相(凝胶)具有分子筛的特点，将被分离物质各成分按分子大小分开，达到分离的目的。

凝胶过滤的主要装置是填充有凝胶颗粒的层析柱。目前使用较多的凝胶是交联葡聚糖凝胶(商品名为Sephadex)。这种高分子材料具有一定孔径的网络结构，高度亲水，在水溶液里吸水可膨胀。不同规格型号的葡聚糖用英文字母G表示，G后面的阿拉伯数为凝胶得水值的10倍。例如，G-25型凝胶的吸水能力为每克干凝胶溶胀后可吸收2.5 g水。交联葡聚糖凝胶的种类有G-10、G-15、G-25、G-50、G-75、G-100、G-150和G-200。因此，“G”反映凝胶的交联程度、溶胀程度及分离范围。如 Sephadex G-50 的分离范围为 1 500～30 000，Sephadex G-75 的分离范围为 3 000～80 000。实际应用中要根据分离目的分子大小进行型号选择，其交联度高的小号胶，如 Sephadex G-25(或-50)，适用于脱盐。

当在填充好凝胶颗粒的层析柱顶加上被分离的分子大小不同的混合物，并用洗脱液洗脱时，小分子物质可以进入胶粒内部，受排阻的大分子不能进入胶粒内部，两者在洗脱过程所经的路径不同：受排阻的大分子只能沿胶粒的间隙向下流动，路径短，最先流出；受扩散效应的影响，渗入胶粒内部的小分子要经层层扩散向下流动，路径长，最后流出；居中的分子则后于大分子而先于小分子流出，进而按由大到小的顺序实现分子分离的目的。

【试剂与器材】

1. 0.017 5 mol/L 磷酸盐缓冲液(pH 6.7)

称取 0.2 mol/L Na_2HPO_4 溶液 43.5 mL 和 0.2 mol/L NaH_2PO_4 溶液 56.5 mL 混合，取该混合液 87.5 mL，用蒸馏水稀释至 1 000 mL，pH 应为 6.7。

2. 奈斯勒(Nessler)试剂

于 500 mL 锥形瓶内添加碘化钾 150 g、碘 110 g、汞 150 g 及蒸馏水 100 mL，用力振荡 7～15 min。待碘的棕色开始转变，混合液温度升高，将该瓶浸于冷水内继续振荡，直至棕色的碘转变为带绿色的碘化钾汞液。将上清液倾入 2 000 mL 量筒，添加蒸馏水至 2 000 mL，混匀备用。

应用时，取母液 150 mL，添加 10%氢氧化钠溶液 700 mL 和蒸馏水 150 mL，混匀即可。若发生浑浊，待静止后，取上层清液使用。

3. 其他试剂

质量体积分数为 20%的磺基水杨酸溶液。

4. 层析介质

Sephadex G-25(或-50)。

5. 器材

1.5 cm×20 cm 层析柱，黑、白比色磁盘，恒流泵，核酸蛋白检测仪，部分收集器和记录仪。

【操作步骤】

1. 凝胶溶胀

称取 5 g Sephadex G-25(或-50)，添加 200 mL 蒸馏水充分溶胀(在室温下约需 6 h 或在沸水浴中溶胀 2 h)。凝胶溶胀后，需用蒸馏水洗涤几次，每次应将沉降缓慢的细小颗粒随水倾倒出去，以免在装柱后产生阻塞现象，降低流速。洗后，将凝胶浸泡在洗脱液中待用。

2. 装柱

取层析柱 1 支(1.5 cm×20 cm)，垂直固定在支架上，关闭下端出口。将已经溶胀好的 Sephadex G-25(或-50)中的水倾倒出去，添加 2 倍柱体积的 0.017 5 mol/L、pH 6.7 磷酸盐缓冲液，并搅拌成悬浮液，然后灌注入柱，打开柱的下端出口，再添加搅匀的 Sephadex G-25(或-50)，使凝胶自然沉降的高度到 17 cm 左右，关闭出口。待凝胶柱形成后，往洗脱瓶中添加 0.017 5 mol/L、pH 6.7 磷酸盐缓冲液，以 3 倍柱体积的磷酸盐缓冲液流过凝胶柱，平衡凝胶。

3. 上样

凝胶平衡后，用胶头滴管除去凝胶柱面的溶液，将盐析所得全部 IgG 样品加到凝胶柱表面，打开柱下口，控制流速，让 IgG 样品溶液慢慢浸入凝胶。

4. 洗脱

待 IgG 样品全部进入凝胶后，在凝胶柱面上加一层 0.017 5 mol/L、pH 6.7 磷酸盐缓冲液，并用该缓冲液进行洗脱，控制流速为 0.5 mL/min 左右。用滴加有磺基水杨酸的黑色比色板检测洗脱液：若有白色絮状沉淀出现，就立刻用试管收集洗脱液，每管 10 滴；也可用核酸蛋白检测仪检测，同时用部分收集器收集洗脱液。

在收集洗脱液时，需要检查蛋白质是否已全部流出。为此，从每支收集管中取出 1 滴溶液置于黑色比色磁盘中，加入 1 滴 20%磺基水杨酸：若已无白色絮状沉淀，即证明蛋白质已全部流出，可停止收集洗脱液（在检测时，胶头滴管柱吸取管中的溶液后应及时洗净，再吸取下一管，以免造成相互污染）。

5. 样品保存

在经检查含有蛋白质的每管中，取 1 滴溶液，置于白色比色盘孔中，加入 1 滴奈斯勒试剂，混匀，若呈现棕黄色沉淀，就说明含硫酸铵，需弃去。合并不含硫酸铵的各管收集液（即为"脱盐"后的 IgG），置于 −20 ℃的条件下保存备用。若使用核酸蛋白检测仪，记录仪上的蛋白质峰与硫酸铵峰彻底分开、不重叠，就合并蛋白峰值相对应的收集管中的洗脱液，即为脱盐后的 IgG。

6. 凝胶的重复利用与回收

收集 IgG 后，凝胶柱需要用洗脱液继续洗脱，并用奈斯勒试剂检测：若无棕黄色沉淀出现，就证明硫酸铵已洗脱干净，即可重复使用或回收凝胶。

凝胶暂时不使用可浸泡在溶液中，置于 4 ℃的冰箱中存放；若放在室温中保存，就应加入 0.02%叠氮钠（NaN_3）或 0.01%乙酸汞等防腐剂防霉。使用凝胶时，水洗去防腐剂即可。若凝胶长期不用，就可用水洗净，分次加入体积分数递增的乙醇溶液，让凝胶逐步脱水，再用乙醚除乙醇，抽干或将凝胶洗净后抽干，在表面皿上于 30 ℃的通风环境下晾干。

【注意事项】

①柱层析时，装柱的质量是成功分离和纯化样品的关键。柱子要装得均匀，不能分层、不能有气泡。在整个层析过程中，千万不能装干柱。如果出现上述情况，就需重新装柱。

②在柱床表面加入样品前，须保证缓冲液已全部进入柱床；同样，在加入样品后，须保证样品全部进入柱床，再添加缓冲液开始洗脱，否则都会造成样品的稀释。

三、DEAE-纤维素离子交换层析纯化 IgG

【实验目的】

掌握 DEAE-纤维素离子交换层析纯化 IgG 的原理和方法。

【基本原理】

纤维素作为一种不溶于水的惰性高分子聚合物，因其强亲水性、易溶胀及溶胀后形成的舒展长链结构，可大幅度增加有效表面积，进而为蛋白质分子提供容易接触与容纳的空间。基于这些特性，以纤维素为不溶性基质制备的离子交换剂在分离蛋白质(酶)等大分子物质时，展现出高交换容量、高分辨力及较高的回收率等优势。另外，纤维素离子交换剂对交换的离子吸附力较弱，用比较温和的条件即可洗脱，不影响蛋白质(酶)等生物大分子物质的活性。基于纤维素的这些特点，纤维素离子交换剂在蛋白质(酶)生物大分子的分离和纯化中得到广泛使用。

DEAE-纤维素(diethylaminoethyl cellulose，二乙胺基乙基纤维素)是在纤维素上引入二乙胺基乙基基团的弱碱型阴离子交换剂，其吸附蛋白质的最适 pH 为 7～9。当 pH 超过 9.5 时，DEAE 基团不解离。每克 DEAE-纤维素含 0.96～1.24 mmol/L 可解离基团，与蛋白质的交换容量可达 0.75～1.22 mg/mg DEAE。

在本实验中，硫酸铵盐析得到的 IgG 粗制品，经凝胶过滤法脱盐处理后仍含有大量的杂蛋白，通过 DEAE-纤维素离子交换层析纯化 IgG：将 IgG 粗品溶于 pH6.7 的缓冲液中，此时 IgG 不发生解离、不带电荷，而其他杂质蛋白均带不同数量的负电荷。因此，当 IgG 粗品溶液流经 DEAE-纤维素柱时，IgG 不与 DEAE-纤维素发生交换吸附而直接流出。而其他杂质蛋白因携带不同数量的负电荷会与 DEAE-纤维素上的阴离子发生离子交换反应，被吸附在柱上。根据该原理，让 IgG 粗品溶解于 pH6.7 的缓冲液中，使其流过 DEAE-纤维素柱，即可直接收集到纯度相对较高的 IgG。

【试剂与器材】

1. 0.017 5 mol/L 磷酸盐缓冲液(pH 6.7)

称取 0.2 mol/L Na_2HPO_4 溶液 43.5 mL，与 0.2 mol/L NaH_2PO_4 溶液 56.5 mL 相混合，用酸度计检查 pH 应为 6.7。取该混合液 87.5 mL，用蒸馏水稀释至 1 000 mL。

2. 质量体积分数为 20%的磺基水杨酸溶液

精确称取 20.0 g 磺基水杨酸固体于烧杯中，向烧杯中添加约 50 mL 蒸馏水，用玻璃棒搅拌至固体完全溶解。将溶液转移至 100 mL 容量瓶中，用少量蒸馏水多次洗涤烧杯并入容量瓶，最后用蒸馏水定容至 100 mL，摇匀。将溶液转移至棕色试剂瓶中，室温避光保存，有效期通常为 1 个月。

3. 层析介质

DEAE-32(或-52)

4. 器材

1.5 cm×20 cm 层析柱，黑、白比色磁盘，恒流泵，核酸蛋白检测仪，部分收集器和记录仪。

【操作步骤】

1. DEAE-纤维素的活化

称取 DEAE-32(或-52)，放入 5 mL 量筒，添加蒸馏水浸泡过夜，观察溶胀后 DEAE 的体积，根据所需层析柱的柱床体积计算所需 DEAE 的用量。称取所需 DEAE 量，用蒸馏水浸泡过夜，其间换几次水，每次除去细小颗粒，抽干；然后改用 4 倍体积的 0.5 mol/LNaOH 溶液浸泡 1h，抽干(可用布氏漏斗)；用无离子水漂洗，使 pH 至 8 左右(用 pH 试纸检查)；改用 4 倍体积的 0.5 mol/L HCl 溶液浸泡 1 h，弃去酸溶液，用无离子水洗至 pH 6 左右；再改用 0.017 5 mol/L， pH 6.7 的磷酸盐缓冲液，浸泡平衡后使用。

2. 装柱

用 0.017 5 mol/L 磷酸盐缓冲液浸泡已处理好的 DEAE-纤维素，在平衡后，搅拌均匀，灌入层析柱，直至纤维素柱床高约为 17 cm。柱床形成后，往洗脱瓶中添加 0.017 5 mol/L 磷酸盐缓冲液，接在层析柱上口，打开柱下端出口，使磷酸盐缓冲溶液流过纤维素，直至流出液的 pH 与磷酸盐缓冲溶液的 pH 完全相同(其间用 pH 试纸不断检查)。

3. 上样

上述平衡过程完毕后，用滴管吸去纤维素柱面上的溶液(但不能低于柱床面)。用吸量管吸取经 Sephadex G-25(或-50)脱盐的 IgG 样品，加在柱床面上，打开柱下口，控制流速，使样品缓慢入柱，待全部样品入柱后，在柱床面上加一层高约为 2 cm 的 0.017 5 mol/L 磷酸盐缓冲液，开始洗脱。

4. 洗脱

连接洗脱瓶，打开柱下口开始洗脱。控制流速为 0.5 mL/min，用试管收集洗脱液，每管 10 滴。从每管中取 1 滴收集液，滴在黑色比色盘孔中，加入 1 滴 20% 磺基水杨酸，检查是否会产生白色沉淀。在该条件下，收集液中率先出现的蛋白质，即为纯化的 IgG。因此，应从洗脱开始就收集洗脱液，直至收集液中无蛋白质出现(加磺基水杨酸不呈白色沉淀)。

5. 样品保存

合并含有蛋白质的各管收集液，此即为纯化的 IgG 溶液，置于 −20 ℃的条件下保存备用。

6. 再生

使用过的离子交换剂可以反复使用，使其恢复原状的方法称为“再生”。再生并非每次都用酸碱反复处理，通常只要“转型”处理即可。所谓转型，就是交换剂能携带所希望的某种离子，如希望阳离子交换剂带上 NH_4^+，则可用 NH_4OH 浸泡；如希望阴离子交换剂带上 Cl^-，则用 NaCl 溶液处理。本实验中的 DEAE-纤维素在酸碱处理后用 0.017 5 mol/L 磷酸盐缓冲液浸泡即可转型，以 HPO_4^- 取代 DEAE 中的 OH^-。一般而言，DEAE-纤维素使用后会吸附大量杂蛋白，再生处理时，先用 0.5 mol/L NaOH 溶液浸洗，然后用无离子水洗至为 pH 8 左右，最后进行转型处理，即可再使用。

四、聚丙烯酰胺凝胶电泳鉴定 IgG 纯度

【实验目的】

掌握聚丙烯酰胺凝胶电泳的原理与技术。

【基本原理】

聚丙烯酰胺凝胶电泳(polyacrylamide gel electrophoresis，PAGE)根据其有无浓缩效可分为连续电泳分离系统和不连续电泳分离系统两大类。本实验采用不连续电泳分离系统。不连续电泳分离系统最大的特点是大幅度提高了样品分离的分辨率。其具体特点为：①使用两种不同浓度的凝胶；②配制两种凝胶的缓冲溶液成分及 pH 不同；③配胶缓冲液与电泳槽中电泳缓冲液的成分、pH 也不相同。在本实验中，电泳凝胶分为两层：上层胶为低浓度的大孔胶，称

为浓缩胶或成层胶，配制该层胶的缓冲液是 Tris-HCl(pH 6.7)；下层胶为高浓度的小孔胶，称为分离胶或电泳胶，成胶的缓冲液是 Tris-HCl(pH 8.9)。电泳槽中的电极缓冲液则是 Tris-甘氨酸(pH 8.3)。可见，凝胶浓度梯度、化学组成差异成分、pH 与电泳液缓冲体系的非均一性配置形成了一个高分辨率的不连续电泳分离系统。

电泳时，蛋白质样品被放置在浓缩胶上。为防止蛋白质样品在电极缓冲液中的扩散，加入等体积的 40%蔗糖或 50%甘油与之混合，以提高电泳密度。为观察蛋白质样品泳动的情况，在样品中还可添加溴酚蓝及二甲苯青等示踪染料。溴酚蓝分子比绝大多数生物大分子物质泳动的速率都快，只要溴酚蓝未泳动出凝胶，样品就没有泳动出凝胶的危险；而二甲苯菁分子比绝大多数生物大分子物质的泳动速率都慢。因此，同时使用溴酚蓝和二甲苯菁可以帮助判断所需分离的物质在凝胶上的分布位置。在本实验中，可根据需要选择其中一种或同时使用两种染料进行示踪。

在不连续电泳分离系统中，当接通电源开始电泳时，该系统中的甘氨酸、蛋白质、盐酸中的氯离子和溴酚蓝等均解离为阴离子，形成离子流向阳极泳动。其迁移率取决于离子的电荷数、相对分子质量大小及形状。然而，当电极缓冲液(pH 8.3)中的甘氨酸离子在进入浓缩胶时，遇到 pH 比 8.3 低的 pH(6.7)、pH 下降近两个单位(几乎接近于甘氨酸的等电点 5.97)的环境，甘氨酸的解离度突然降低，所带电荷量明显减少，迁移率减慢。样品中的蛋白质成分也进入浓缩胶，虽然 pH 的改变对其解离度会产生影响，但这种影响比甘氨酸的影响要小得多，其迁移率比甘氨酸快。由于浓缩胶的胶孔较大，其对蛋白质分子不会产生阻碍。浓缩胶中的 Tris-HCl 中的 Cl^- 全部解离，相对分子质量很小，摩擦力不大，其迁移率比蛋白质、溴酚蓝都快，于是，在浓缩胶中，各种离子的迁移率形成了甘氨酸＜蛋白质＜溴酚蓝＜Cl^- 的顺序。

在甘氨酸分子进入浓缩胶后，解离度的下降会造成移动离子流的突然缺失、电流减小和电导率下降。然而，在整个电泳系统中，其他部分的电流仍维持不变[根据电导及电位梯度成反比($E=I/n$，E 为电位梯度，I 为电流强度，n 为电导率)的关系]，于是在前导离子 Cl^- 与慢离子甘氨酸离子之间突然，形成较高的局部电位梯度。处在这个局部高电位梯度区域中的样品蛋白质各成分在高电场作用下迅速以不同的速率(相对分子质量不同、带电量不同)泳向前导离子 Cl^- 区域。当到达前导离子 Cl^- 区域时，因不缺少离子，大的电场强度减弱，离子移动速率急速减慢，从而导致在甘氨酸和 Cl^- 之间的蛋白质样品按其分子的大小堆积或浓缩成层。通过这个过程，蛋白质样品被浓缩了好几百倍，且蛋白质各成分也按一定的顺序排列成层。

当离子流继续向前，进入以 pH 8.9 缓冲液配制的小孔胶时，蛋白质分子在小孔胶里遇到阻力，迁移率减慢，同时在 pH 8.9 条件下，甘氨酸又充分解离，带电量增加，消除了离子流缺失的现象，小分子的甘氨酸随氯离子追上了蛋白质，蛋白质的分离完全按一般区带电泳方式进行。

由以上原理可见，聚丙烯酰胺凝胶不连续电泳最主要的优点是蛋白质样品经浓缩胶作用后能形成紧密的压缩层进入分离胶，蛋白质各组分在该过程中预先分离且压缩成层，有效降低在电泳时由自由扩散导致的区带重叠干扰，进而提升电泳的分辨能力。基于这个优点，即使是少量(1～100 μg)的蛋白质样品，也能实现良好分离。高分辨率使血浆蛋白质可分离出 20 多个区带。

【试剂与器材】

1. 样品

血浆蛋白质、脱盐后的 IgG 和纯化后的 IgG。

2. 标准品

低分子质量或中分子质量蛋白质的标准品。

3. 丙烯酰胺单体贮备液

称取 14.55 g 丙烯酰胺(Acr)和 0.45 g N,N'-甲叉双丙烯酰胺(Bis)，先添加 35 mL 双蒸水搅拌至溶解，直至溶液变成透明，再用双蒸水稀释至 50 mL，过滤，置于棕色瓶中，在 4 ℃的条件下保存，一般可放置 1 个月左右。丙烯酰胺和甲叉双丙烯酰胺单体及溶液是中枢神经毒物，要小心操作。

4. 分离胶缓冲液

称取 1 mol/L HCl 48 mL、Tris(三羟基氨基甲烷)36.6 g、TEMED(N,N,N',N'-四甲基乙二胺)0.23 mL，添加双蒸水至 80 mL，使其溶解，调节 pH 至 8.9，然后添加蒸馏水定容至 100 mL，置于棕色瓶中，在 4 ℃的条件下贮存。

5. 浓缩胶缓冲液

称取 1 mol/L HCl 48 mL、Tris 5.98 g、TEMED 0.46 mL，添加双蒸水至 80 mL，调节 pH 至 6.7，用双蒸水定容至 100 mL，置于棕色瓶中，在 4 ℃的条件下贮存。

6. 10%过硫酸铵

称取 1 g 过硫酸铵，添加双蒸水至 10 mL，置于棕色瓶中，在 4 ℃条件下贮存，仅能用 1 周，最好当天配制。

7. pH 8.3 Tris-甘氨酸电极缓冲液

称取 Tris 6.0 g、甘氨酸 28.8 g，添加蒸馏水至 900 mL，调节 pH 至 8.3，用双蒸水定容至 1 000 mL，置于试剂瓶中，在 4 ℃的条件下贮存，临用前应稀释 10 倍。

8. 样品缓冲液

称取 2 mL 浓缩胶缓冲液，添加 1 mL 87%甘油、0.1 mg 溴酚蓝，用双蒸水稀释至 10 mL，在−20 ℃的条件下可保存 6 个月。

9. 染色液

本实验采用 0.05%考马斯亮蓝 R-250 染色液中含 20%磺基水杨酸的染色液，即称取考马斯亮蓝 0.05 g、磺基水杨酸 20 g，加蒸馏水至 100 mL，过滤后置于试剂瓶内保存。其优点是染色、固定同时进行，背景易脱色。

10. 脱色液

75 mL 冰醋酸、875 mL 蒸馏水与 50 mL 甲醇混合配制。

11. 凝胶保存液

甘油 10 mL、冰乙酸 7 mL，加蒸馏水至 100 mL。

12. 器材

电泳仪、夹心式垂直板电泳槽、移液枪和离心管。

该方法所用试剂较多，试剂配制也很烦琐。为节省实验时间，也可以选用试剂盒。

【操作步骤】

1. 电泳槽组装

组装夹心式垂直板电泳槽可参考图 9-2;也可选用其他垂直板电泳槽,按照电泳槽说明书进行组装。

2. 凝胶制备

(1)10%分离胶的制备 按照表 9-6 进行分离胶的配制。

表 9-6 10 mL 10%分离胶的配制

试剂	100 mL 10%分离胶
分离胶缓冲液(pH 8.9)/mL	0.15
单体贮备液/mL	2.50
双蒸水/mL	4.85
10% AP/μL	15
TEMED/μL	10

取配制好的分离胶约 10 mL(根据电泳板的大小而定),用细长头的滴管加在长短玻璃板之间,加胶高度距样品模板梳齿下缘约 1 cm 处。用 1 mL 注射器在凝胶表面沿短玻璃板边缘轻轻加一层双蒸水(3～4 mm)(或水饱和异丙醇/正丁醇),用于隔绝空气,以促使凝胶聚合并保持凝胶表面平直。为防止渗漏,可在上下贮槽中添加略低于凝固胶面的蒸馏水。静置 30～60 min,若可观察到水与凝固胶面之间的界线清晰,就表示凝胶已经完全聚合。

如需预电泳,则倒掉上下电泳槽的蒸馏水,换上分离胶缓冲液,以 10 mA 电流电泳 1 h,终止电泳后,弃去分离胶缓冲液,用注射器取浓缩胶缓冲液洗涤胶面数次,即可制备浓缩胶。

(2)浓缩胶制备(4%) 按照表 9-7 进行浓缩胶的配制。

表 9-7 4 mL 4%浓缩胶的配制

试剂	4 mL 4%浓缩胶
浓缩胶缓冲液(pH 8.9)/mL	0.10
单体贮备液/mL	0.65
双蒸水/mL	4.25
10% AP/μL	5
TEMED/μL	2.5

倒掉上下电泳槽的蒸馏水,用窄条滤纸吸去多余的水分(但不要碰破胶面),将配制好的浓缩胶混合均匀后,灌注到分离胶上方距短玻璃板上缘 0.5 cm 处,并插入与模具大小相同,与凝胶厚度相当的样品梳。在室温下聚合 30～60 min,也可在距离电极槽 10 cm 处,用日光灯或太阳照射,进行光聚合(但不要引起大的升温)。在正常情况下,照射 6～7 min,凝胶由蛋黄透明变成乳白色,表明聚合作用开始;继续光照 30 min,使凝胶聚合完全。凝胶聚合完成后,竖直向上轻轻拔出样品梳,用窄条滤纸吸去样品凹槽中多余的液体,在贮槽中加入稀释 10 倍 pH 8.3 的 Tris-甘氨酸电极缓冲液,使液面高于短玻璃板约 0.5 cm,低于长玻璃板即可加样。

3.加样

作为分析用的PAGE加样量仅需几微克。先将样品与等体积样品缓冲液混合后,用加样枪(或微量注射器)取5~10 μL(根据样品中蛋白质浓度来定)上述测试样品,小心地加到凝胶凹形样品槽底部,再以蛋白质标准品作为参照物,待所有样品加完后,即可开始电泳。

4.电泳

将直流稳压电源的正极与下槽连接,负极与上槽连接(方向切勿接错)。打开开关,开始时将电流调至10 mA,当样品进入分离胶时,将电流调至20~30 mA。当蓝色溴酚蓝染料迁移至距离橡胶框下缘1 cm处时,即可中止电泳。电极缓冲液可回收重复利用1~2次。

5.固定、染色

取下玻璃板,用不锈钢铲轻轻将一块玻璃板撬开移去,切去浓缩胶后,将分离胶一端切除一角作为标记,取下分离胶移至大培养皿中,使染色液没过凝胶,染色30 min左右,染色与固定同时进行。

6.脱色

将脱色液没过凝胶,放在37 ℃的烘箱中进行脱色,直至无蛋白质区带处的蓝色背景褪净,清晰的蛋白质电泳图谱出现。脱色液经活性炭脱色后,可反复使用。

7.保存

脱色后,凝胶可浸泡在凝胶保存液中保存数月。若需永久性记录,可对凝胶进行拍照或将凝胶干燥,制成胶片保存。

【注意事项】

①制备聚丙烯酰胺凝胶时,试剂纯度至关重要。低纯度试剂会影响凝胶聚合与电泳效果。Acr(丙烯酰胺)(*N*,*N*′-亚甲基双丙烯酰胺)及Bis是关键试剂,若含丙烯酸或其他杂质,就会造成凝胶聚合时间延长,甚至出现聚合不均匀或不聚合现象,使用前需分离纯化。

②Acr及Bis均为神经毒剂,对皮肤有刺激作用。实验表明,对小鼠的半致死剂量为170 mg/kg,操作应在通风橱中进行,并佩戴乳胶手套防护。Acr的纯化步骤为:称取70 g Arc溶于1 000 mL 50 ℃预热的氯仿,溶解后趁热过滤。冷却至−20 ℃结晶,用预冷的布氏漏斗抽滤,收集白色结晶,再用预冷的氯仿淋洗数次,真空干燥后密封贮存于棕色瓶中。Bis的纯化步骤为:称取12 g Bis,溶于1 000 mL预热至40~50 ℃的丙酮中,然后趁热过滤。冷却至−20 ℃结晶,用预冷的布氏漏斗抽滤,收集白色结晶,用预冷的丙酮洗涤数次,真空干燥后密封贮存于棕色瓶中。

③由于与凝胶聚合有关的硅橡胶条、玻璃板表面不光滑洁净,其在电泳时会造成凝胶板与玻璃或硅橡胶条剥离,产生气泡或滑胶;剥胶时,凝胶板易断裂。为防止该现象,所用器材应严格清洗。硅橡胶条的凹槽、样品槽、模板及电泳槽可用海绵蘸取“洗洁净”仔细清洗。玻璃板浸泡在重铬酸钾洗液3~4 h或0.2 mol/L KOH的乙醇溶液中20 min以上,清水洗净,再用海绵蘸取“洗洁净”反复刷洗,最后用蒸馏水冲洗,直接阴干或用乙醇冲洗后阴干。

④在安装电泳槽和镶有长短玻璃的硅橡胶框时,位置要端正,均匀用力旋转紧固定螺丝,避免缓冲液渗漏。样品槽模板梳齿应平整光滑。

⑤用琼脂(糖)封底及灌凝胶时,不能有气泡,避免影响电泳时电流通过。

⑥凝胶完全聚合后,最好放置0.5~1 h,使其充分“老化”后,再轻轻取出样品梳,切勿破

坏加样凹槽底部的平整，避免电泳区带扭曲。

⑦为防止电泳后区带拖尾，样品中的盐离子强度应尽量低，含盐量高的样品可用透析法或凝胶过滤法脱盐。最大加样量不得超过 100 μg 蛋白/100 μL。

⑧在不连续电泳分离系统中，预电泳只能在分离胶聚合后进行，洗净胶面，方可制备浓缩胶。浓缩胶制备完成后，不可进行预电泳，以此充分利用浓缩胶的浓缩效应。

⑨电泳时，电泳仪与电泳槽间正负极不能接错，防止样品反方向泳动。电泳时，应选用合适的电流、电压，过高或过低均可影响电泳效果。电泳结束后，应分别收集上下贮槽电极缓冲液，贮存于 4 ℃的冰箱中，可用 2～3 次。为保障电泳结果满意，最好用新稀释的缓冲液。

【思考题】

1. 什么是分段盐析？
2. 凝胶过滤法脱盐的原理是什么？为什么凝胶过滤法可应用于蛋白质分离纯化、相对分子质量测定、脱盐等多方面实验？
3. DEAE-离子交换剂纯化 IgG 的原理是什么？在实验中应注意些什么问题？
4. PAGE 时，在样品中加入少量溴酚蓝和 40％蔗糖溶液的作用是什么？
5. 两种组分经过 Sephadex 层析柱后并没有实现分离的目的，请分析可能的原因有哪些？
6. 根据实验过程的体会，总结如何做好该综合性实验？在实验中哪些是关键性步骤？

实验五 细胞色素 C 的制备及其测定

【实验目的】

1. 学习用层析法分离制备蛋白质的原理与方法。
2. 掌握制备细胞色素 C 的方法及含量的测定方法。

【基本原理】

在本实验离子交换层析中，我们选用了弱酸性阳离子交换树脂[Amberlite IRC-50(H)]。该树脂的母体上被引入羧基(R—COOH)，使用前应先将交换剂转变为 NH_4^+ 型[Amberlite IRC-50(NH_4^+)]。该离子交换剂的荷电基团是羧基，反离子为氨离子。若以 RA^+ 代表阳离子交换剂，其中 A^+ 为反离子，A^+ 可与溶液中的阳离子 B^+ 发生可逆的交换反应，反应式为 $RA^+ + B^+ \rightarrow RB^+ + A^+$。

细胞色素是多种能够传递电子的含铁蛋白质的总称，广泛存在于动物、植物和微生物中，细胞色素 C(Cyt c)是其中一种。细胞色素 C 是含铁卟啉的结合蛋白质，是线粒体呼吸链的组成成分之一，具备传递电子的功能。细胞色素 C 在体内大量存在，主要存在于线粒体中，一般无须外源补充，且外源补充与体内含量相比甚微。细胞色素 C 的相对分子质量为 12 000，等电点为 10.7，是唯一较容易从线粒体中提取的蛋白质。当 pH 为 7 时，其带正电荷，可用弱阳离子交换剂可以将其纯化。

Amberlite IRC-50(NH_4^+)纯化细胞色素 C 的原理如图 9-4 所示。在 pH 7 条件下，树脂通过静电引力吸附细胞色素 C，用蒸馏水洗掉不吸附的杂蛋白质，然后增加洗脱液的离子强度，以 0.06 mol/L Na_2HPO_4-0.4 mol/L NaCl 洗脱，Na^+ 交换细胞色素 C，将其洗脱，实现分离纯化。

维生素 C 易溶于水和酸性溶液，对热、酸、碱都比较稳定，但三氯醋酸和乙酸可使之变性失活。

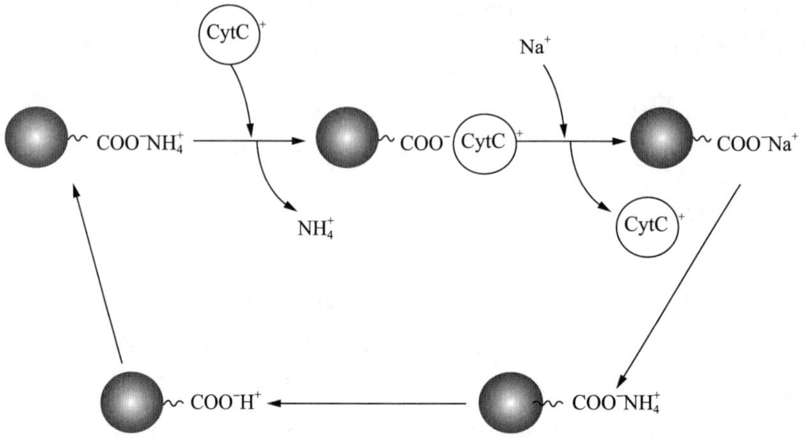

图 9-4　阳离子交换层析纯化维生素 C 的原理示意图

【试剂与器材】

1. 样品

猪心。

2. 人造沸石

人造沸石为白色颗粒，不溶于水，溶于浓酸。选用过 60～80 目筛的颗粒，以水浸泡 0.5 h，除去 15 s 不沉淀的细小颗粒，抽干备用。

3. 磷酸氢二钠-氯化钠溶液

称取磷酸氢二钠($Na_2HPO_4 \cdot 12H_2O$) 21.5 g、氯化钠 23.4 g，添加水溶解定容至 1 000 mL。

4. 其他试剂

0.2% NaCl、25% 硫酸铵、20% 三氯醋酸(trichloroacetic acid，TCA)、12% $BaCl_2$、1% 硝酸银、0.5 mol/L 氨水、1 mol/L 氨水、2 mol/L 硫酸和连二亚硫酸钠($Na_2S_2O_4 \cdot 2H_2O$)。

5. 层析介质

弱酸性阳离子交换树脂(Amberlite IRC-50-NH_4^+)。

6. 器材

组织捣碎机、离心机、磁力搅拌器、分光光度计、玻璃层析柱(1 cm×20 cm)、透析袋(3.5 kDa)、纱布及玻璃器皿。

【操作步骤】

1. 提取

将猪心除尽脂肪、血管和韧带，洗净积血，切碎，放入捣碎机捣碎，称取心肌肉糜 150 g 放入 1 000 mL 烧杯，加水 300 mL，用磁力搅拌器搅拌，添加 2 mol/L H_2SO_4 调节 pH 至 4(此时溶液呈暗紫色)，在室温下搅拌提取 2 h。用 1 mol/LNH_4OH 调节 pH 至 6.0，停止搅拌。用 6 层纱布过滤匀浆液，去除杂质，收集滤液。往滤渣中添加 750 mL 水，按上述条件重复提取 1 h，两次提取液合并(为节省时间，可只提取一次)。

2. 吸附及洗脱

(1)吸附　用 1 mol/L NH_4OH 将上述提取液调节 pH 至 7.2，静置 10 min 后过滤，收集滤液。

量取滤液体积，按 3 g/100 mL 滤液计算，称取人造沸石，用去离子水反复漂洗(弃去漂浮的部分)至水清。剪一小块直径与玻璃层析柱内径大小一致的薄海绵，装入层析柱底部，柱下端接 1 支乳胶管，将柱垂直固定。向柱内加约 2/3 体积的去离子水，由下端排水至约剩 1/3 体积时用弹簧夹夹住。将已处理过的人造沸石装入柱内，要避免出现断层和气泡。装完柱后，由下端排出过多的水，人造沸石上面只留一薄层水(但不可漏出沸石，以免进入空气)。将装有样品液的下口瓶与层析柱相连接，使样品液沿柱内壁缓缓流经柱内的人造沸石，控制流出液的速率约为 10 mL/min。随着细胞色素 C 被吸附，柱内人造沸石逐渐由白色变为红色，流出液为淡黄色或微红色。

(2)洗脱　吸附完毕，倾倒上层液体，将红色人造沸石从柱内取出，倒入烧杯，用约 100 mL 蒸馏水洗涤 3～4 次至水清，然后用 100 mL 0.2% NaCl 溶液分 3 次洗涤沸石，再用蒸馏水洗涤至水清，重新装柱；也可在柱内用同样方法洗涤沸石，然后用 25%硫酸铵溶液洗脱，流速控制在 2 mL/min，收集红色洗脱液(洗脱液一旦变白，立即停止收集)，约收集 20 mL。洗脱完毕，人造沸石可再生使用。

沸石的再生方法：使用过的沸石先用自来水洗去硫酸铵，再用 0.2 mol/L NaOH 和 1 mol/L NaCl 的等体积混合溶液洗涤，重复操作，直至沸石变白，最后用蒸馏水洗涤至 pH 为 7.0～8.0，即可再次使用。

3. 盐析及浓缩

在上述洗脱液中，慢慢添加固体硫酸铵，边加边搅拌，使硫酸铵体积分数为 45%(约相当于饱和度 67%)，放置 30 min 以上(最好过夜)，杂蛋白沉淀析出，过滤，收集红色透亮的滤液。在搅拌下，每 100 mL 滤液加入 2.5 mL 20%三氯醋酸，细胞色素 C 沉淀析出后，立即以 3 000 r/min 离心 15 min，倾去上清液(如上清液呈红色，应加入适量的三氯乙酸，重复离心)。收集沉淀，添加少许蒸馏水，用玻璃棒搅动，使沉淀溶解，装入透析袋(加入的溶液体积一般为袋容积的 2/3 左右)，装好后，挤压赶出袋中的空气，然后用夹子或线将口封紧，检查封口是否漏液。在确定透析袋两端不漏液后，将透析袋放于 500 mL 烧杯中，在磁力搅拌器搅拌下用蒸馏水透析，15 min 换水一次，换水 3～4 次后，检查硫酸根离子是否已被除净(检查的方法是取 2 mL $BaCl_2$溶液放入 1 支试管，滴加 2～3 滴透析外液于试管中，若出现白色沉淀，表明 SO_4^{2-} 未除净；若无白色沉淀出现，表明透析完全)。将透析液过滤，即得清亮的细胞色素 C 粗品溶液。

4. Amberlite IRC-50(H) 离子交换剂的预处理

称取一定量的 Amberlite IRC-50(H)(数量根据柱体积而定)，用蒸馏水浸泡过夜，倾去水，添加 2 倍体积的 2 mol/L HCl 溶液，在 60 ℃的恒温条件下电磁搅拌约 1 h，倾去盐酸溶液，用无离子水洗涤至中性；添加 2 倍体积的 2 mol/L NH_4OH 溶液，在 60 ℃的恒温条件下搅拌 1 h，倾去氨溶液，再用无离子水洗至中性。

5. 装柱及平衡

将 1.0 cm×20 cm 的层析柱垂直固定在铁架台上，关紧层析柱下端的出液口阀，用胶头滴管向层析柱中添加 3 mL 蒸馏水，然后吸取处理好的 Amberlite IRC-50(NH_4^+)树脂溶浆，缓慢加入层析柱，使胶粒自由沉降，直至柱床高度为 10 cm(如果蒸馏水过多，打开层析柱下端的出液口阀，适当放出)，然后进行平衡：打开层析柱下端的出液口阀，用试管接收流出液，连续给层析柱缓慢加蒸馏水约 10 mL，冲洗离子交换柱，直至流出液的 pH 为 7～8(柱床以上的蒸馏水高度不低于 3 cm)。

6. 离子交换层析

关闭下端出液口阀，用胶头滴管吸去柱床面层上方的水，将得到的细胞色素 C 粗品溶液加入到弱酸性阳离子交换树脂柱，控制流速为 2 mL/min。吸附完毕后，树脂的上端颜色较浅的部分为混有细胞色素 C 的杂蛋白。将柱内交换的细胞色素 C 的树脂小心分层取出，在烧杯中用蒸馏水搅拌洗涤多次，直至溶液澄清。将深红色的树脂重新装入细长柱，用 Na_2HPO_4-NaCl 溶液洗脱，控制流速为 1 mL/min，收集深红色液体。将收集的洗脱液装入透析袋，在 4 ℃的条件下用蒸馏水透析除盐，多次更换蒸馏水，用 1%硝酸银溶液检查，直至无氯离子，然后过滤收集滤液。如第一次柱层析后所收集的细胞色素 C 溶液较稀，就可通过一根小柱浓缩。当细胞色素 C 吸附完毕后，先用 0.5 mol/L NH_4OH 溶液迅速洗脱(4～5 mL/min)；当细胞色素 C 色带已扩散并达到柱底端时，将流速调至 0.2～0.3 mL/min，细胞色素 C 可被浓缩成小体积洗脱液，透析后即得到纯化的细胞色素 C 溶液。

7. 细胞色素 C 含量的测定

本实验方法制备的细胞色素 C 是氧化型和还原型的混合物。在测定含量时，要加入连二亚硫酸钠，混合物中的氧化型细胞色素 C 能变为还原型。还原型细胞色素 C 水溶液在波长 520 nm 处有最大光吸收。根据这一特性，作出细胞色素 C 浓度和相应的吸光度的标准曲线，然后根据所测溶液的吸光度，由标准曲线的斜率求出所测样品的含量。

称取 1 mL 标准品(80 mg/mL)用蒸馏水稀释至 25 mL。从中取 0.2 mL、0.4 mL、0.6 mL、0.8 mL、1.0 mL 分别放入 5 支试管，每管补加蒸馏水至 4 mL，并加入少许连二亚硫酸钠作还原剂，摇匀，于分光光度计上以水为空白对照，在 520 nm 波长处测定各管吸光度($A_{520\ nm}$)，以标准样品的浓度值为横坐标，$A_{520\ nm}$ 值为纵坐标，作出标准曲线图。取纯化的细胞色素 C 溶液 1 mL 稀释适当倍数(本实验稀释 25 倍)，再称取稀释液 1 mL 按上述方法测得其 $A_{520\ nm}$ 值。

8. Amberlite IRC-50 离子交换剂的再生

用过的 Amberlite IRC-50(H)先用去离子水洗，再用 2 mol/L NH_4OH 洗涤，倾倒碱水，用去离子水洗至近中性。加入 2 mol/L HCl 溶液，在 60 ℃的条件下搅拌 20 min 后，倾去酸溶液，用去离子水洗至中性，然后用 2 mol/L NH_4OH 溶液浸泡，再用去离子水洗至中性，即可使用。如长期不用，可抽干备用。

【计算】

根据所测得的 $A_{520\ nm}$ 值查标准曲线，得细胞色素 C 的浓度，即可计算样品原液浓度。

【注意事项】

①尽量除净非心肌组织，如脂肪、韧带等。

②盐析时，加入固体硫酸铵，要先将其磨成粉末，边加边搅拌，不要一次性快速加入。

③当利用10% NaOH 溶液把混合液 pH 调至7.3时，一定不能过度调整，否则细胞色素 C 易变性。

④逐滴加入三氯醋酸溶液，搅匀后，尽快离心。

⑤透析时，保持低温，透析袋要避免破漏，每隔几小时更换透析液，并用 Ba^{2+} 检查是否还存在 SO_4^{2-}。

【思考题】

1.加入硫酸铵时，要注意什么？为什么？

2.以细胞色素 C 为例，简述蛋白质分离制备的步骤和方法。

3.蛋白质分离纯化的方法有哪些？

4.离子层析柱分离蛋白质的方法是特异性的吗？为什么？

实验六 目的基因 PCR 扩增及其产物琼脂糖凝胶电泳检测

一、目的基因的 PCR 扩增

【实验目的】

掌握 PCR 法扩增目的基因的原理与方法。

【基本原理】

聚合酶链反应（polymerase chain reaction，PCR）是一种用于放大扩增特定 DNA 片段的分子生物学技术。该技术自 20 世纪 80 年代末发展而来，可看作生物体外的特殊 DNA 复制，可将目的 DNA 片段扩增上百万倍。

1.PCR 的基本过程

PCR 由变性、退火（复性）、引物的延伸三个基本反应步骤构成。

（1）变性　在 94～95 ℃的条件下，双链 DNA 解离，使之成为单链。

（2）退火（复性）　在 55 ℃左右的条件下，引物与模板 DNA 单链互补配对结合。

（3）引物的延伸　温度升至 72 ℃左右，以 Taq DNA 酶为催化，dNTP 为反应原料，以靶序列为模板，基于碱基配对与半保留复制原理，合成一条新的互补 DNA 子链。

经过双链重复循环变性-退火-延伸，获得更多的“半保留复制链”，这些链又可成为下次循环的模板。一个循环需 2～4 min，2～3 h 就能将待扩目的基因扩增放大几百万倍，通常 25～30 轮循环即可。

2. PCR 反应体系的组成

普通的 PCR 反应体系由 DNA 模板、PCR 反应缓冲液、4 种脱氧核糖核苷三磷酸混合物(dNTP)、寡聚核苷酸引物和 Taq DNA 聚合酶组成。

(1)DNA 模板　PCR 反应中的模板可以来源于各种生物的双链 DNA 或单链 DNA,也可以是人工合成的 DNA 片段。在一般情况下,PCR 可以使用纳克(ng)级的 DNA 克隆模板或微克(μg)级的基因组 DNA。虽然 PCR 对模板 DNA 纯度要求不是很高,但需要满足这些条件:一是至少有一个包含完整待扩增片段的 DNA 分子;二是样本中的其他物质不会影响 Taq 酶活性。

(2)PCR 反应缓冲液　用于 PCR 的标准缓冲溶液含有 50 mmol/L KCl、10 mmol/L Tris-HCl(pH 8.3,在室温下)和 1.5 mmol/L $MgCl_2$。在反应液中,二价阳离子 Mg^{2+} 至关重要。因为 Mg^{2+} 是 DNA 聚合酶的辅助因子,会影响聚合酶活性、产物真实性与特异性等,所以 Mg^{2+} 的浓度对反应的特异性和扩增效率影响较大,其最佳作用浓度为 1.5 mmol/L。尽管标准缓冲溶液适用于大多数 DNA 模板,但特定 PCR 的最佳缓冲条件会因模板、引物及反应液中其他成分的不同而有所改变。无论是应用靶序列与引物的新组合,还是改变 dNTP 或引物浓度,都必须对 Mg^{2+} 的浓度进行优化。此外,应特别注意的是,dNTP 是反应中 ${PO_4}^{3-}$ 的主要来源,其浓度的任何变化都将影响 Mg^{2+} 的有效浓度。

(3)dNTP　dNTP 是 PCR 反应的底物。dNTP 的质量和浓度与 PCR 扩增效率密切相关。dNTP 粉呈颗粒状,保存不当易变性而失去生物学活性。dNTP 溶液呈酸性,使用时应配成高浓度后,用 1 mol/L NaOH 将其 pH 调至 7.0,小量分装,多次冻融会降解 dNTP,一般于 −20 ℃的条件下冰冻保存。在 PCR 反应中,dNTP 浓度应为 50～200 μmol/L。4 种单脱氧核苷酸的浓度要相等(等摩尔配制),若其中任何一种浓度不同于其他 3 种(偏高或偏低),就会引起错配,降低 PCR 产物的产量。dNTP 能够与 Mg^{2+} 结合,进而降低游离的 Mg^{2+} 浓度。

(4)寡聚核酸引物　引物是 PCR 特异性反应的关键要素,PCR 产物的特异性取决于引物与模板 DNA 的互补程度。引物是由体外人工设计合成的两条寡核苷酸短链,一般长度为 15～30 个核苷酸(常用 18～24 个核苷酸),其与目的序列两端反向互补,可有效扩增模板 DNA 序列,决定 PCR 反应产物的特异性。引物的 5′端可修饰,3′端不可修饰,且应避免 3′端出现连续的 GC。同时,引物之间不能出现连续 4 个碱基互补。每条引物的设计常借助专业软件。其每条引物浓度一般为 0.1～1 μmol/L,以能产出预期结果的最低浓度为宜,引物浓度偏高会引起错配和非特异性扩增,还会增加引物二聚体形成的概率。

(5)Taq DNA 聚合酶及其浓度　目前 Taq DNA 聚合酶供应有两种:一种是从栖热水生杆菌中提纯的天然酶;另一种是由大肠埃希菌合成的工程核酶。虽然这两种酶都具有 5′→3′的外切酶活性,但均缺乏 3′→5′的外切酶活性。酶的使用量应根据所购买产品的说明来确定。加酶过量可能会导致非靶序列的扩增。

【试剂与器材】

1. PCR 扩增引物

根据动物组织模板 DNA 序列和引物的要求,设计并合成特异性引物(需提前完成)。

2. 2×Taq Fast PCR Mix 预混液(含蓝染料)

含 Taq DNA 聚合酶、dNTP、PCR 反应缓冲液等 DNA 复制所需的酶及各种因子,可由公司直接购买。使用时，只需加入引物和模板即可进行扩增。Mix 中含电泳指示染料，反应结束后，可直接进行琼脂糖凝胶电泳实验。

3. 器材

DNA 扩增仪、移液枪及相应吸头、PCR 反应管和掌式离心机等。

【操作步骤】

1. 动物组织模板 DNA 的制备及引物合成

由各实验室根据具体条件，选择提供适宜的组织 DNA 样品及目的基因引物。在后续 PCR 反应体系中，基因组 DNA 的模板浓度推荐范围为 1～10 ng/μL；质粒或噬菌体 DNA 浓度为 0.1～1 ng/μL。引物浓度的推荐范围为 0.1～1 μmol/L。

2. PCR 反应体系

在无菌 PCR 管中，按表 9-8 依次加入各种试剂。

表 9-8　50 μL PCR 反应体系成分　　μL

试剂	50 μL PCR
2×Taq Fast PCR Mix	25
DNA 模板	X
上游引物（10 μmol/L）	2.5
下游引物（10 μmol/L）	2.5
灭菌 ddH_2O	补足至 50

3. 离心

充分混匀后，进行短暂离心。

4. 扩增

将反应管置于 DNA 扩增仪中进行热循环反应，按 9-9 中的 PCR 反应条件进行操作（应根据具体条件作修改）。反应结束后，样品于 4 ℃的条件下保存。

【注意事项】

①由于 PCR 技术的灵敏度极高，在实验操作中要防止外源 DNA 对模板的污染。

②引物浓度偏高会引起错配和非特异性扩增，还可增加引物二聚体形成的概率。

表 9-9　PCR 反应过程

反应	变性	退火	延伸	循环次数
预变性	94 ℃，4 min	—	—	1
变性—退火—延伸	95 ℃，30 s	引物的 T_m 值降 5 ℃，30～60 s	72 ℃，30 s	25～30
延伸中止	—	—	72 ℃，10 min	1

【思考题】

试从反应的特异性、敏感性、忠实性及扩增效率等方面，讨论 PCR 反应条件的优化。

二、扩增产物的琼脂糖凝胶电泳

【实验目的】

1. 熟悉 DNA 片段电泳的基本原理。
2. 掌握 DNA 片段电泳的基本操作方法。

【基本原理】

琼脂糖凝胶电泳是分离、纯化、鉴定 DNA 片段及重组子的经典方法。其特点为简便、快速，是分子生物学研究中最常用的技术之一。

DNA 分子在琼脂糖凝胶电泳时同时存在电荷效应和分子筛效应。电荷效应由分子所带的净电荷量多少而定，这与电泳时电流强度、电泳缓冲液的 pH 和离子强度有关；分子筛效应主要与 DNA 分子大小、构型以及琼脂糖凝胶的浓度有关。DNA 分子在 pH 高于其等电点的溶液中携带负电荷，会向正极移动。用电泳法测定 DNA 分子大小时，应尽量减少电荷效应。增加琼脂糖凝胶的浓度可以在一定程度上降低电荷效应，让分子的迁移速率主要由琼脂糖凝胶阻滞程度的差异决定，从而提高分辨率；适当降低电泳时电压也可使分子筛效应相对增强，提高分辨率。为获得满意的 DNA 片段分离效果，每厘米琼脂糖凝胶片长度使用的电压一般不超过 5 V。DNA 分子范围与琼脂糖凝胶浓度的关系可参考表 9-10。

表 9-10　DNA 分子范围与琼脂糖凝胶浓度的关系

琼脂糖凝胶浓度/%	可辨线性 DNA 分子大小/kb
0.7	0.8～10
1.0	0.4～6
1.5	0.2～4
2.0	0.1～3

注：凝胶电泳测定溶液中 DNA 浓度仅需 5～10 ng 的 DNA。

在传统核酸染色中，常用的染料是溴化乙锭(ethidium bromide，EB)。往凝胶中添加少量 EB，其分子可插在 DNA 双螺旋结构的两个碱基之间，与核酸形成荧光络合物，在 254 nm 波长的紫外光照射下，呈现橘黄色的荧光。用 EB 检验 DNA 灵敏度很高，可检出 10 ng 或更少的 DNA 含量。但 EB 的缺点是可诱发突变，具有潜在致癌性，可能会对操作人员造成危害或污染环境。由于 EB 的高致癌性和高毒性，许多实验室都在使用其他核酸染料来替代 EB，以营造更安全的实验环境。EB 替代物作为高灵敏且安全的核酸染料，能与游离 DNA 高效结合，灵敏度与 EB 相当。

【试剂与器材】

1. 样品

动物组织 PCR 产物(DNA 样品)。

2. 电泳缓冲液

10×TBE(0.89 mol/L Tris、0.89 mol/L 硼酸、0.02 mmol/L EDTA・Na_2、pH 8.0)，用

时稀释为 1×TBE。

3. EB 替代物

GoldView(5～10 μL/100 mL 琼脂糖凝胶溶液)或 SYBR GreenⅠ[琼脂糖凝胶中的最终浓度为(0.5～1)×]按产品说明书稀释。

4. 6×DNA 上样缓冲液

称取 0.25 g 溴酚蓝和 40 g 蔗糖，溶于 80 mL 去离子水中，定容至 100 mL。使用时，按 1∶5 与 DNA 样品混匀后即可上样进行电泳。

5. 琼脂糖凝胶

1%琼脂糖用 1×TBE(电泳缓冲液)配制。

6. 器材

水浴锅、稳压电泳仪、凝胶成像仪、水平电泳槽、天平、台式离心机、摄影设备、三角烧杯、烧杯、量筒、移液器及相应吸头和乳胶手套。

【操作步骤】

①用去离子水将制胶板和孔径大小适宜的梳子冲洗干净，放在制胶平板上，封闭模具边缘，架好梳子。

②准确称取琼脂糖干粉 0.5 g，加入配胶用的三角烧瓶，添加 50 mL 1×TBE 电泳缓冲液，搅匀，置于微波炉或水浴锅中加热，直至琼脂糖熔化均匀。

③在凝胶中加入 1～2.5 μL EB 替代物，轻轻旋转以充分混匀凝胶溶液。将凝胶冷却至 50 ℃左右，缓缓倒于制胶板上，排出气泡。

④在室温下，静置 30 min 左右，凝胶完全凝结，轻轻拔出梳子，保持点样孔完好，将其安放在电泳槽内。

⑤向电泳槽中倒入 1×TBE 电泳缓冲液，若点样孔内有气泡，应设法排出。

⑥使用移液器将 PCR 产物(含蓝染料)直接轻轻加入点样孔。加样时，避免碰坏点样孔周围的凝胶面，注意穿透凝胶底部、记录样品次序及加样量。本实验样品孔容量为 10～20 μL；若 PCR 产物 DNA 样品内无蓝染料，加样前就需在 DNA 样品中添加 1/5 体积的 6×DNA 上样缓冲液，混匀后再加样。

⑦加完样后，即可通电进行电泳。在 80～100 V 的电压下电泳，待溴酚蓝移动到距离胶板下沿约 1 cm 处停止电泳。

⑧取出凝胶，在凝胶成像仪上观察并拍照记录。

【注意事项】

①在配制凝胶时，应佩戴乳胶手套或一次性手套；被污染的器皿与物品，必须尽快清洗或弃去。

②溴酚蓝为常用电泳指示剂，呈蓝色。在 1%、1.4%、2%的琼脂糖凝胶电泳中，溴酚蓝的迁移率分别与 600 bp、200 bp、150 bp 的双链线性 DNA 片段大致相同。

【思考题】

试分析如何通过琼脂糖凝胶电泳来鉴定 DNA 的浓度、纯度和相对分子质量？

参 考 文 献

本刊编辑部，2023. 离心机转速的写法及相对离心力的正确表示[J]. 宁夏医科大学学报，45(3):223.

陈钧辉，李俊，2014. 生物化学实验[M]. 5 版. 北京：科学出版社.

胡兰，2006. 动物生物化学实验教程[M]. 北京：中国农业出版社.

李留安，袁学军，2022. 动物生物化学实验指导[M]. 2 版. 北京：清华大学出版社.

李巧枝，董淑丽，2002. 生物化学实验技术[M]. 北京：气象出版社.

李庆章，2015. 动物生物化学实验技术教程[M]. 北京：高等教育出版社.

李万杰，胡康棣，2015. 实验室常用离心技术与应用[J]. 生物学通报，50(4):10-12.

李燕，2017. 精编分子生物学实验技术[M]. 西安：世界图书出版西安有限公司.

刘维全，2014. 动物生物化学实验指导[M]. 4 版. 北京：中国农业出版社.

罗献梅，甘玲，2013. 动物生物化学实验教程[M]. 重庆：西南师范大学出版社.

欧芹，林雪松，2015. 生物化学与分子生物学实验教程[M]. 2 版. 北京：北京大学出版社.

杨仙玉，2023. 动物生物化学实验[M]. 北京：科学出版社.

杨志敏，2015. 生物化学实验[M]. 北京：高等教育出版社.

余冰宾，2004. 生物化学实验指导[M]. 北京：清华大学出版社.

张桦，2020. 生物化学实验指导[M]. 2 版. 北京：中国农业大学出版社.

赵赣，陈鑫磊，2000. 生物化学实验指导[M]. 南昌：江西科学技术出版社.

周顺伍，2002. 动物生物化学实验指导[M]. 2 版. 北京：中国农业出版社.

祝顺琴，刘万宏，2022. 生物化学实验教程[M]. 重庆：西南大学出版社.

附　　录

附录一　常用缓冲溶液的配制方法

1. 甘氨酸-盐酸缓冲液(0.05 mol/L)

X mL 0.2 mol/L 甘氨酸＋Y mL 0.2 mol/L HCl，再加水稀释至 200 mL(附表 1-1)。

附表 1-1　0.05 mol/L 甘氨酸-盐酸缓冲液的配制

pH	X	Y	pH	X	Y
2.0	50	44.0	3.0	50	11.4
2.4	50	32.4	3.2	50	8.2
2.6	50	24.2	3.4	50	6.4
2.8	50	16.8	3.6	50	5.0

注：甘氨酸相对分子质量＝75.07，0.2 mol/L 甘氨酸溶液含 15.01 g/L。

2. 邻苯二甲酸-盐酸缓冲液(0.05 mol/L)

X mL 0.2 mol/L 邻苯二甲酸氢钾＋Y mL 0.2 mol/L HCl，再加水稀释至 20 mL(附表 1-2)。

附表 1-2　0.05 mol/L 邻苯二甲酸-盐酸缓冲液的配制

pH(20 ℃)	X	Y	pH (20 ℃)	X	Y
2.2	5	4.070	3.2	5	1.470
2.4	5	3.960	3.4	5	0.990
2.6	5	3.295	3.6	5	0.597
2.8	5	2.642	3.8	5	0.263
3.0	5	2.022			

注：邻苯二甲酸氢钾相对分子质量＝204.23；0.2 mol/L 邻苯二甲酸氢钾溶液含 40.85 g/L。

3. 磷酸氢二钠-柠檬酸缓冲液

磷酸氢二钠-柠檬酸缓冲液的配制如附表 1-3 所列。

附表 1-3　磷酸氢二钠-柠檬酸缓冲液的配制　mL

pH	0.2 mol/L Na_2HPO_4	0.1 mol/L 柠檬酸	pH	0.2 mol/L Na_2HPO_4	0.1 mol/L 柠檬酸
2.2	0.40	19.60	5.2	10.72	9.28
2.4	1.24	18.76	5.4	11.15	8.85
2.6	2.18	17.82	5.6	11.60	8.40
2.8	3.17	16.83	5.8	12.09	7.91
3.0	4.11	15.89	6.0	12.63	7.37
3.2	4.94	15.06	6.2	13.22	6.78
3.4	5.70	14.30	6.4	13.85	6.15
3.6	6.44	13.56	6.6	14.55	5.45
3.8	7.10	12.90	6.8	15.45	4.55
4.0	7.71	12.29	7.0	16.47	3.53
4.2	8.28	11.72	7.2	17.39	2.61
4.4	8.82	11.18	7.4	18.17	1.83
4.6	9.35	10.65	7.6	18.73	1.27
4.8	9.86	10.14	7.8	19.15	0.85
5.0	10.30	9.70	8.0	19.45	0.55

注：Na_2HPO_4 相对分子质量=141.98，0.2 mol/L 溶液为 28.40 g/L；$Na_2HPO_4 \cdot 2H_2O$ 相对分子质量=178.05，0.2 mol/L 溶液含 35.01 g/L；$C_4H_2O_7 \cdot H_2O$ 相对分子质量=210.14，0.1 mol/L 溶液为 21.01 g/L。

4. 柠檬酸-氢氧化钠-盐酸缓冲液

柠檬酸-氢氧化钠-盐酸缓冲液的配制如附表 1-4 所列。

附表 1-4　柠檬酸-氢氧化钠-盐酸缓冲液的配制

pH	钠离子浓度 /(mol/L)	柠檬酸/g $C_6H_8O_7 \cdot H_2O$	氢氧化钠/g NaOH 97%	盐酸/mL HCl(浓)	最终体积 /L
2.2	0.20	210	84	160	10
3.1	0.20	210	83	116	10
3.3	0.20	210	83	106	10
4.3	0.20	210	83	45	10
5.3	0.35	245	144	68	10
5.8	0.45	285	186	105	10
6.5	0.38	266	156	126	10

注：使用时可以每升中加入 1 g 酚，若最后 pH 有变化，再用少量 50%氢氧化钠溶液或浓盐酸调节，放置在冰箱中保存。

5. 柠檬酸-柠檬酸钠缓冲液(0.1 mol/L)

柠檬酸-柠檬酸钠缓冲液的配制如附表 1-5 所列。

附表 1-5　柠檬酸-柠檬酸钠缓冲液的配制　mL

pH	0.1 mol/L 柠檬酸	0.1 mol/L 柠檬酸钠	pH	0.1 mol/L 柠檬酸	0.1 mol/L 柠檬酸钠
3.0	18.6	1.4	5.0	8.2	11.8
3.2	17.2	2.8	5.2	7.3	12.7
3.4	16.0	4.0	5.4	6.4	13.6
3.6	14.9	5.1	5.6	5.5	14.5
3.8	14.0	6.0	5.8	4.7	15.3
4.0	13.1	6.9	6.0	3.8	16.2
4.2	12.3	7.7	6.2	2.8	17.2
4.4	11.4	8.6	6.4	2.0	18.0
4.6	10.3	9.7	6.6	1.4	18.6
4.8	9.2	10.8			

注:柠檬酸 $C_6H_8O_7 \cdot H_2O$:相对分子质量=210.14,0.1 mol/L 溶液为 21.01 g/L;柠檬酸钠 $Na_3C_6H_5O_7 \cdot 2H_2O$:相对分子质量=294.12,0.1 mol/L 溶液为 29.41 g/mL。

6. 乙酸-乙酸钠缓冲液(0.2 mol/L)

乙酸-乙酸钠缓冲液的配制如附表 1-6 所列。

附表 1-6　乙酸-乙酸钠缓冲液的配制　mL

pH (18 ℃)	0.2 mol/L NaAc	0.3 mol/L HAc	pH (18 ℃)	0.2 mol/L NaAc	0.3 mol/L HAc
2.6	0.75	9.25	4.8	5.90	4.10
3.8	1.20	8.80	5.0	7.00	3.00
4.0	1.80	8.20	5.2	7.90	2.10
4.2	2.65	7.35	5.4	8.60	1.40
4.4	3.70	6.30	5.6	9.10	0.90
4.6	4.90	5.10	5.8	9.40	0.60

注:$NaAc \cdot 3H_2O$ 相对分子质量=136.09,0.2 mol/L 溶液为 27.22 g/L。

7. 磷酸盐缓冲液

(1)磷酸氢二钠-磷酸二氢钠缓冲液(0.2 mol/L)

磷酸氢二钠-磷酸二氢钠缓冲液的配制如附表 1-7 所列。

附表 1-7　磷酸氢二钠-磷酸二氢钠缓冲液的配制　mL

pH	0.2 mol/L Na_2HPO_4	0.2 mol/L NaH_2PO_4	pH	0.2 mol/L Na_2HPO_4	0.2 mol/L NaH_2PO_4
5.8	8.0	92.0	7.0	61.0	39.0
5.9	10.0	90.0	7.1	67.0	33.0
6.0	12.3	87.7	7.2	72.0	28.0
6.1	15.0	85.0	7.3	77.0	23.0
6.2	18.5	81.5	7.4	81.0	19.0
6.3	22.5	77.5	7.5	84.0	16.0
6.4	26.5	73.5	7.6	87.0	13.0
6.5	31.5	68.5	7.7	89.5	10.5
6.6	37.5	62.5	7.8	91.5	8.5
6.7	43.5	56.5	7.9	93.0	7.0
6.8	49.5	51.0	8.0	94.7	5.3
6.9	55.0	45.0			

注：$Na_2HPO_4 \cdot 2H_2O$ 相对分子质量＝178.05，0.2 mol/L 溶液为 35.61 g/L；$NaH_2PO_4 \cdot 2H_2O$ 相对分子质量＝156.01，0.2 mol/L 溶液为 31.202 g/L。

(2)磷酸氢二钠-磷酸二氢钾缓冲液(1/15 mol/L)

磷酸氢二钠-磷酸二氢钾缓冲液的配制如附表 1-8 所列。

附表 1-8　磷酸氢二钠-磷酸二氢钾缓冲液的配制　mL

pH	1/15 mol/L Na_2HPO_4	1/15 mol/L KH_2PO_4	pH	1/15 mol/L Na_2HPO_4	1/15 mol/L KH_2PO_4
4.92	0.10	9.90	7.17	7.00	3.00
5.29	0.50	9.50	7.38	8.00	2.00
5.91	1.00	9.00	7.73	9.00	1.00
6.24	2.00	8.00	8.04	9.50	0.50
6.47	3.00	7.00	8.34	9.75	0.25
6.64	4.00	6.00	8.67	9.90	0.10
6.81	5.00	5.00	8.18	10.00	0
6.98	6.00	4.00			

注：$Na_2HPO_4 \cdot 2H_2O$ 相对分子质量＝178.05，1/15 mol/L 溶液为 11.876 g/L；KH_2PO_4 相对分子质量＝136.09，1/15 mol/L 溶液为 9.078 g/L。

8. 磷酸二氢钾-氢氧化钠缓冲液(0.05 mol/L)

X mL 0.2 mol/L KH_2PO_4 ＋Y mL 0.2 mol/L NaOH 加水稀释至 20 mL(附表 1-9)。

附表 1-9　磷酸二氢钾-氢氧化钠缓冲液的配制　　mL

pH(20 ℃)	X	Y	pH(20 ℃)	X	Y
5.8	5	0.372	7.0	5	2.963
6.0	5	0.570	7.2	5	3.500
6.2	5	0.860	7.4	5	3.950
6.4	5	1.260	7.6	5	4.280
6.6	5	1.780	7.8	5	4.520
6.8	5	2.365	8.0	5	4.680

9. 巴比妥钠-盐酸缓冲液(18 ℃)

巴比妥钠-盐酸缓冲液的配制如附表 1-10 所列。

附表 1-10　巴比妥钠-盐酸缓冲液的配制　　mL

pH	0.04 mol/L 巴比妥钠溶液	0.2 mol/L 盐酸	pH	0.04 mol/L 巴比妥钠溶液	0.2 mol/L 盐酸
6.8	100	18.4	8.4	100	5.21
7.0	100	17.8	8.6	100	3.82
7.2	100	16.7	8.8	100	2.52
7.4	100	15.3	9.0	100	1.65
7.6	100	13.4	9.2	100	1.13
7.8	100	11.47	9.4	100	0.70
8.0	100	9.39	9.6	100	0.35
8.2	100	7.21			

注：巴比妥钠盐相对分子质量＝206.18，0.04 mol/L 溶液含巴比妥钠为 8.25 g/L。

10. Tris-盐酸缓冲液(0.05 mol/L，25 ℃)

50 mL 0.1 mol/L 三羟甲基氨基甲烷(Tris)溶液与 X mL 0.1 mol/L 盐酸混匀后，加水稀释至 100 mL(附表 1-11)。

附表 1-11　Tris-盐酸缓冲液的配制　　mL

pH	X	pH	X
7.1	45.7	8.1	26.2
7.2	44.7	8.2	22.9
7.3	43.4	8.3	19.9
7.4	42.0	8.4	17.2
7.5	40.3	8.5	14.7
7.6	38.5	8.6	12.4
7.7	36.6	8.7	10.3
7.8	34.5	8.8	8.5
7.9	32.0	8.9	7.0
8.0	29.2		

注：三羟甲基氨基甲烷(Tris)相对分子质量＝121.14；0.1 mol/L 溶液为 12.114 g/L。Tris 溶液可从空气中吸收二氧化碳，使用时注意将瓶盖严。

11. 硼酸-硼砂缓冲液(0.2 mol/L 硼酸根)

硼酸-硼砂缓冲液的配制如附表 1-12 所列。

附表 1-12　硼酸-硼砂缓冲液的配制　mL

pH	0.05 mol/L 硼砂	0.2 mol/L 硼酸	pH	0.05 mol/L 硼砂	0.2 mol/L 硼酸
7.4	1.0	9.0	8.2	3.5	6.5
7.6	1.5	8.5	8.4	4.5	5.5
7.8	2.0	8.0	8.7	6.0	4.0
8.0	3.0	7.0	9.0	8.0	2.0

注:硼砂 $Na_2B_4O_7 \cdot H_2O$,相对分子质量=381.43,0.05 mol/L 溶液(=0.2 mol/L 硼酸根)含 19.07 g/L;硼酸 H_2BO_3,相对分子质量=61.84,0.2 mol/L 溶液为 12.37 g/L;硼砂易失去结晶水,必须在带塞的瓶中保存。

12. 甘氨酸-氢氧化钠缓冲液(0.05 mol/L)

X mL 0.2 mol/L 甘氨酸+Y mL 0.2 mol/L NaOH 水稀释至 200 mL(附表 1-13)。

附表 1-13　甘氨酸-氢氧化钠缓冲液的配制　mL

pH	X	Y	pH	X	Y
8.6	50	4.0	9.6	50	22.4
8.8	50	6.0	9.8	50	27.2
9.0	50	8.8	10.0	50	32.0
9.2	50	12.0	10.4	50	38.6
9.4	50	16.8	10.6	50	45.5

注:甘氨酸相对分子质量=75.07,0.2 mol/L 溶液含 15.01 g/L。

13. 硼砂-氢氧化钠缓冲液(0.05 mol/L 硼酸根)

X mL 0.05 mol/L 硼砂+Y mL 0.2 mol/L NaOH 加水稀释至 200 mL(附表 1-14)。

附表 1-14　硼砂-氢氧化钠缓冲液的配制　mL

pH	X	Y	pH	X	Y
9.3	50	6.0	9.8	50	34.0
9.4	50	11.0	10.0	50	43.0
9.6	50	23.0	10.1	50	46.0

注:硼砂 $Na_2B_4O_7 \cdot 10H_2O$,相对分子质量=381.43,0.05 mol/L 溶液为 19.07 g/L。

14. 碳酸钠-碳酸氢钠缓冲液(0.1 mol/L,Ca^{2+}、Mg^{2+} 存在时不得使用)

碳酸钠-碳酸氢钠缓冲液(0.1 mol/L,Ca^{2+}、Mg^{2+} 存在时不得使用)的配制如表 1-15 所列。

附表 1-15　碳酸钠-碳酸氢钠缓冲液的配制

pH		0.1 mol/L Na_2CO_3/mL	0.1 mol/L $NaHCO_3$/mL
20 ℃	37 ℃		
9.16	8.77	1	9
9.40	9.12	2	8

续附表 1-15

pH		0.1 mol/L	0.1 mol/L
20 ℃	37 ℃	Na_2CO_3/mL	$NaHCO_3$/mL
9.51	9.40	3	7
9.78	9.50	4	6
9.90	9.72	5	5
10.14	9.90	6	4
10.28	10.08	7	3
10.53	10.28	8	2
10.83	10.57	9	1

注：$Na_2CO_3 \cdot 10H_2O$ 相对分子质量＝286.2，0.1 mol/L 溶液含 $Na_2CO_3 \cdot 10H_2O$ 为 28.62 g/L；$NaHCO_3$ 相对分子质量＝84.0，0.1 mol/L 溶液含 $NaHCO_3$ 为 8.40 g/L。

15. PBS 缓冲液

PBS 缓冲液的配制如附表 1-16 所列。

附表 1-16　PBS 缓冲液的配制

溶液	pH			
	7.6	7.4	7.2	7.0
H_2O/mL	1 000	1 000	1 000	1 000
NaCl/g	8.5	8.5	8.5	8.5
Na_2HPO_4/g	2.2	2.2	2.2	2.2
NaH_2PO_4/g	0.1	0.2	0.3	0.4

附录二　实验室中常用酸碱的相对密度和浓度

实验室中常用酸碱的相对密度和浓度如附表 2-1 所列。

附表 2-1　实验室中常用酸碱的相对密度和浓度

名称	分子式	相对分子质量(M_r)	密度	质量分数/%	物质的量浓度/(mol/L)
盐酸	HCl	36.47	1.19	37.20	12.00
			1.18	35.20	11.30
			1.10	20.00	6.00
硫酸	H_2SO_4	98.09	1.84	95.60	18.00
硝酸	HNO_3	63.02	1.425	70.98	16.00
			1.40	65.60	14.50
			1.37	61.00	13.30
乙酸	CH_3COOH	60.05	1.05	99.50	17.40
磷酸	H_3PO_4	98.00	1.70	85.00	18.10
高氯酸	$HClO_4$	100.50	1.67	70.00	11.65
			1.54	60.00	9.20
氨水	NH_4OH	35.05	0.91	10.00	5.40

附录三　常用洗涤液的配制

常用洗涤液的配制如附表 3-1 所列。

附表 3-1　实验室常用洗涤液的配制及应用

洗涤液及其配方	应用
铬酸洗涤液：将 20 g 铬酸钾溶于 40 mL 水中（加热助融），再慢慢加入 360 mL 浓硫酸（相对密度为 1.84）	清洗玻璃器皿，浸润或浸泡数小时或过夜，再用流水冲洗。如洗液变黑绿色，则不能使用（该洗涤液有强烈腐蚀性，不得与皮肤衣物接触）
氢氧化钠的乙醇洗涤液：溶解 120 g 氢氧化钠于 120 mL 水中，用 95%乙醇稀释至 1 L	在铬酸洗液洗涤无效时，用于清洗各种油污。由于强碱对玻璃腐蚀性强，不得与玻璃长期接触（防止挥发，防火）
碱性高锰酸钾洗涤液：4g 高锰酸钾溶于水中，再加入 100 mL 10%氢氧化钠溶液	洗涤玻璃器皿内的油污或其他有机物，倒入待洗的玻璃器皿内，5～10 min 后倒出，再倒入适量浓盐酸，用于清除反应所产生的二氧化锰
硫酸亚铁的酸性洗涤液：含有少量硫酸亚铁的稀硫酸溶液	为洗涤因贮存 $KMnO_4$ 溶液而残留在玻璃器皿上的棕色污斑
乙醇与浓硝酸	难以用寻常方法清洗的残留有机物的发酵管或其他玻璃器皿：先用乙醇润湿内壁（不多于 2 mL 的乙醇），再加入 10 mL 浓硝酸，静置片刻，此时会立即发生反应，释放出大量热和红棕色二氧化氮气体。待反应停止后，用水冲洗

附录四　层析技术常用数据

1. 离子交换纤维素

目前常用的离子交换纤维素列于附表 4-1 和附表 4-2 中。

附表 4-1　DEAE-纤维素

DEAE-纤维素	形状	长度/μm	交换容量/(mmol/g)	蛋白吸附容量/(mg/g)		床体积/(mL/g)	
				胰岛素(pH 8.5)	牛血清清蛋白(pH 8.5)	pH 6.0	pH 7.5
DE-22	改良纤维性	12～400	1.0±0.1	750	450	7.7	7.7
DE-23	同上(除细粒)	18～400	1.0±0.1	750	450	8.3	9.1
DE-32	微粒性(干粉)	24～63	1.0±0.1	850	660	6.0	6.3
DE-52	同上(溶胀)	24～63	1.0±0.1	850	660	6.0	6.3

附表 4-2　CM-纤维素

CM-纤维素	形状	长度/μm	交换容量/(mmol/g)	蛋白吸附容量/(mg/g)		床体积/(mL/g)	
				溶菌酶(pH 5.0)	7S-γ 球蛋白(pH 5.0)	pH 5.0	pH 7.5
CM-22	改良纤维性	12～400	0.6±0.06	600	150	7.7	7.7
CM-23	同上(除细粒)	18～400	0.6±0.06	600	150	9.1	9.1
CM-32	微粒性(干粉)	24～63	1.0±0.1	1 260	400	6.8	6.7
CM-52	同上(溶胀)	24～63	1.0±0.1	1 260	400	6.8	6.7

2. 聚丙烯酰胺凝胶的技术数据

聚丙烯酰胺凝胶的技术数据如附表 4-3 所列。

附表 4-3　聚丙烯酰胺凝胶的数据

型号	排阻的下限(M_r)	分级分离的范围(M_r)	每克干凝胶溶胀后的床体积/mL	膨胀所需最少时间/(室温,h)
Bio-gel-P-2	1 600	200～2 000	3.8	2～4
Bio-gel-P-4	3 600	500～4 000	5.8	2～4
Bio-gel-P-6	4 600	1 000～5 000	8.8	2～4
Bio-gel-P-10	10 000	5 000～17 000	12.4	2～4
Bio-gel-P-30	30 000	20 000～50 000	14.9	10～12
Bio-gel-P-60	60 000	30 000～70 000	19.0	10～12
Bio-gel-P-100	100 000	40 000～100 000	19.0	24
Bio-gel-P-150	150 000	50 000～150 000	24.0	24

续附表 4-3

型号	排阻的下限 (M_r)	分级分离的范围 (M_r)	每克干凝胶溶胀后的床体积/mL	膨胀所需最少时间/(室温,h)
Bio-gel-P-200	200 000	80 000～300 000	34.0	48
Bio-gel-P-300	300 000	100 000～400 000	40.0	48

注:上述各种型号的凝胶都是亲水性的多孔颗粒,在水和缓冲溶液中很容易膨胀,生产厂为 Bio-RadLaboratories,Richmond,California,U. S. A.。

3. 琼脂糖凝胶的技术数据

琼脂糖凝胶的技术数据如附表 4-4 所列。

附表 4-4　琼脂糖凝胶的数据

名称或型号	凝胶内琼脂糖质量分数/%	排阻的下限 (M_r)	分级分离的范围 (M_r)	生产厂商
Sagavac10	10	2.5×10^5	$1\times10^4\sim2.5\times10^5$	SeravacLaboratories, Maidenhead, England
Sagavac8	8	7×10^5	$2.5\times10^4\sim7\times10^5$	
Sagavac6	6	2×10^6	$5\times10^4\sim2\times10^6$	
Sagavac4	4	15×10^6	$2\times10^5\sim15\times10^6$	
Sagavac2	2	150×10^6	$5\times10^5\sim15\times10^7$	
Bio-GelA-0.5 mol/L	10	0.5×10^5	$<1\times10^4\sim2.5\times10^6$	Bio-RadLaboratories, California, U. S. A.
Bio-GelA-1.5 mol/L	8	1.5×10^6	$<1\times10^4\sim1.5\times10^6$	
Bio-GelA-5 mol/L	6	5×10^6	$1\times10^4\sim5\times10^6$	
Bio-GelA-15 mol/L	4	15×10^5	$4\times10^4\sim15\times10^6$	
Bio-GelA-50 mol/L	2	50×10^6	$1\times10^5\sim50\times10^6$	
Bio-GelA-150 mol/L	1	150×10^6	$1\times10^6\sim150\times10^6$	

注:琼脂糖是琼脂内非离子型的组分,它在 0～4 ℃,pH 4～9 范围内是稳定的。

4. 常用离子交换纤维素的种类和特点

常用离子交换纤维素的种类和特点如附表 4-5 所列。

附表 4-5　常用离子交换纤维素的种类和特点

阳离子	解离基团	交换容量	p*K*	特点
CM-	羧甲基—O—CH_2—COOH	0.5～1.0	3.6	应用广泛,在 pH 4 以上
P-	磷酸根—O—PO_3H_2	0.7～7.4	pK_1 1～2 pK_2 60～65	酸性较强,用于低 pH
SE-	磺乙基—OCH_2—CH_2—SO_3H	0.2～0.3	2.2	酸性强,用于极低 pH
阴离子	**解离基团**	**交换容量**	**p*K***	**特点**
DEAE-	二乙基氨基乙基 O—CH_2—CH_2—$N^+(C_2H_5)_2$	0.1～1.1	9.1～9.5	应用最广泛,在 pH 8.6 以下
TEAE-	三乙基氨基乙基 O—CH_2—CH_2—$N^+(C_2H_5)_3$	0.5～1.0	10	碱性稍强
BND-	苯甲基和萘甲酰化的 DEAE	0.8		适于分离核酸

附录五　硫酸铵溶液饱和度计算表

在 25 ℃和 0 ℃的条件下，调整硫酸铵溶液饱和度的参数如附表 5-1 和附表 5-2 所列。

附表 5-1　调整硫酸铵溶液饱和度计算(25 ℃)

	硫酸铵终浓度/(%饱和度)																
	10	20	25	30	33	35	40	45	50	55	60	65	70	75	80	90	100
硫酸铵初浓度/(%饱和度)	每升溶液加固体硫酸铵的克数[①]																
0	56	114	144	176	196	209	243	277	313	351	390	430	472	516	561	662	767
10		57	86	118	137	150	183	216	251	288	326	365	406	449	494	592	694
20			29	59	78	91	123	155	189	225	262	300	340	382	424	520	619
25				30	49	61	93	125	158	193	230	267	307	348	390	485	583
30					19	30	62	94	127	162	198	235	273	314	356	449	546
33						12	43	74	107	142	177	214	252	292	333	426	522
35							31	63	94	129	164	200	238	278	319	411	506
40								31	63	97	132	168	205	245	285	375	469
45									32	65	99	134	171	210	250	339	431
50										33	66	101	137	176	214	302	392
55											33	67	103	141	179	264	353
60												34	69	105	143	227	314
65													34	70	107	190	275
70														35	72	153	237
75															36	115	198
80																77	157
90																	79

注：在 25 ℃的条件下，硫酸铵溶液由初浓度调到终浓度时，每升溶液所加固体硫酸铵的质量(g)。

附表 5-2　硫酸铵溶液饱和度计算(0 ℃)

硫酸铵初浓度/(%饱和度)	在 0 ℃下,硫酸铵终浓度/(%饱和度)																
	20	25	30	35	40	45	50	55	60	65	70	75	80	85	90	95	100
	每 100 mL 溶液加固体硫酸铵的克数①																
0	10.6	13.4	16.4	19.4	22.6	25.8	29.1	32.6	36.1	39.8	43.6	47.6	51.6	55.9	60.3	65.0	69.7
5	7.9	10.8	13.7	16.6	19.7	22.9	26.2	29.6	33.1	36.8	40.5	44.4	48.4	52.6	57.0	61.5	66.2
10	5.3	8.1	10.9	13.9	16.9	20.0	23.3	26.6	30.1	33.7	37.4	41.2	45.2	49.3	53.6	58.1	62.7
15	2.6	5.4	8.2	11.1	14.0	17.2	20.4	23.7	27.1	30.6	34.3	38.1	42.0	46.0	50.3	54.7	59.2
20	0	2.7	5.5	8.3	11.3	14.3	17.5	20.7	24.1	27.6	31.2	34.9	38.7	42.7	46.9	51.2	55.7
25		0	2.7	5.6	8.4	11.5	14.6	17.9	21.1	24.5	28.0	31.7	35.5	39.5	43.6	47.8	52.2
30			0	2.8	5.6	8.6	11.7	14.8	18.1	21.4	24.9	28.5	32.3	36.2	40.2	44.5	48.8
35				0	2.8	5.7	8.7	11.8	15.1	18.4	21.8	25.4	29.1	32.9	36.9	41.0	45.3
40					0	2.9	5.8	8.9	12.0	15.3	18.7	22.2	25.8	29.6	33.5	37.6	41.8
45						0	2.9	5.9	9.0	12.3	15.6	19.0	22.6	26.3	30.2	34.2	38.3
50							0	3.0	6.0	9.2	12.5	15.9	19.4	23.0	26.8	30.8	34.8
55								0	3.0	6.1	9.3	12.7	16.1	19.7	23.5	27.3	31.3
60									0	3.1	6.2	9.5	12.9	16.4	20.1	23.1	27.9
65										0	3.1	6.3	9.7	13.2	16.8	20.5	24.4
70											0	3.2	6.5	9.9	13.4	17.1	20.9
75												0	3.2	6.6	10.1	13.7	17.4
80													0	3.3	6.7	10.3	13.9
85														0	3.4	6.8	10.5
90															0	3.4	7.0
95																0	3.5
100																	0

注:在 0 ℃下,硫酸铵溶液由初浓度调到终浓度时,每 100 mL 溶液所加固体硫酸铵的质量(g)。

附录六　常用核酸、蛋白质换算数据

一、质量换算

1 μg=10^{-6} g
1 ng=10^{-9} g
1 pg=10^{-12} g
1 fg=10^{-15} g

二、核酸检测数据转换

1. 分光光度换算
1A_{260} 双链 DNA=50 μg/mL
1A_{260} 单链 DNA=33 μg/mL
1A_{260} 单链 RNA=40 μg/mL
2. DNA 摩尔换算
1 μg 1 000 bp DNA=1.52 pmol=3.03 pmol 末端
1 μg pBR322DNA=0.36 pmol
1 pmol 1 000 bp DNA=0.66 μg
1 pmol pBR322=2.8 μg
1 kb 双链 DNA(钠盐)=6.6×10^{5} Da
1 kb 单链 DNA(钠盐)=3.3×10^{5} Da(dNMP 平均分子质量=330 Da)
1 kb 单链 RNA(钠盐)=3.4×10^{5} Da(NMP 平均分子质量=340 Da)

三、蛋白质数据转换

蛋白摩尔换算
100 pmol 分子质量 100 000 Da 蛋白质=10 μg
100 pmol 分子质量 50 000 Da 蛋白质=5 μg
100 pmol 分子质量 10 000 Da 蛋白质=1 ug
氨基酸的平均分子质量=128 Da

四、蛋白质与核酸之间的换算

蛋白质/DNA 的换算
1 kb DNA=333 个氨基酸编码容量=3.66×10^{4} Da 蛋白质
10 000 Da 蛋白质=270 bp DNA

附录七　离心机转速与相对离心力换算表

离心机转速与相对离心力的换算如附表 7-1 所列。

附表 7-1　离心机转速与相对离心力的换算

离心机转子的半径(r)/cm	相对离心力(RCF)/g	转速(N)/ r/min

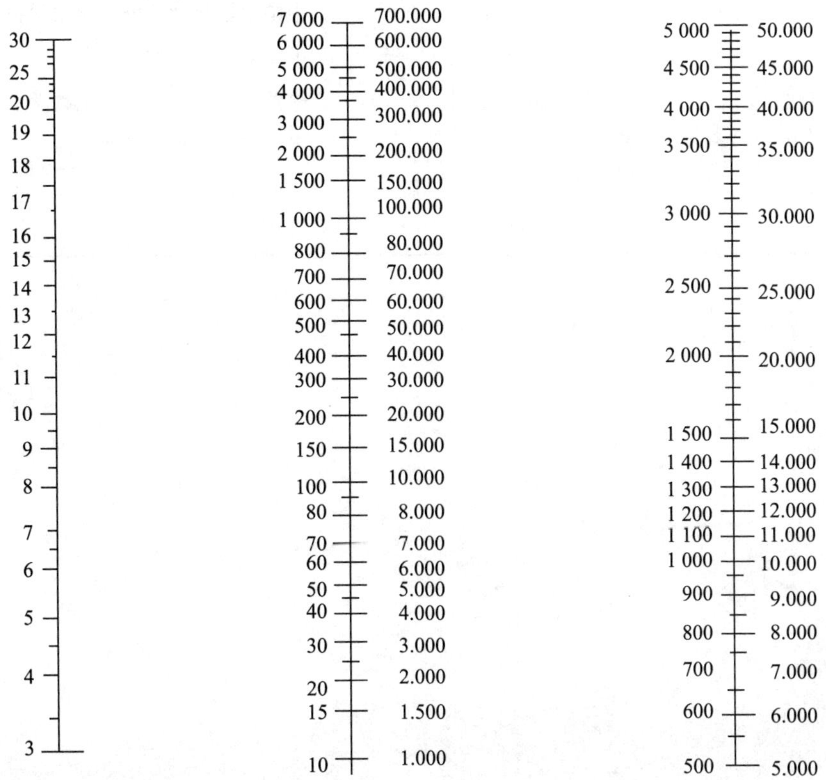

注:RCF 为相对离心力,用地心引力,即重力加速度的倍数表示,一般用 g(980 cm/s^2)表示;相对离心力的换算公式为 $RCF=1.119\times10^{-5}\times r\times N^2$;换算时,先在 r 标尺上取已知的半径和在 N 标尺上取已知的离心机转速,然后在这两点之间画一条直线,与图中 RCF 标尺上的交叉点即为相应的相对离心力数值。若已知的转速值处于 N 标尺的右边,就应读取 RCF 标尺右边的数值;若已知的转速值处于 N 标尺的左边,就应读取 RCF 标尺左边的数值。

附录八 生物化学相关专业的部分网站名称

生物化学相关专业的部分网站名称如附表 8-1 所列。

附表 8-1 生物化学相关专业的部分网站名称

网站名称	网站名称
国家基因库	中国生物化学与分子生物学报
生物谷	中国医学生物信息
美国国家生物技术信息中心(National Center for Biotechnology Information, NCBI)	中国生物化学与分子生物学学会
	中国生物技术信息网
生物通	UniProt
生物软件网	